보이지 않았던 것들

정태성

머리말

제가 알고 있고 생각하는 것이 전부가 아니라는 것을 나이가 든 이후에야 알게 되었습니다. 제가 보는 것이 전부인 양 그렇게 살아왔던 것이 많이 후회됩니다.

지금 알고 있는 것도 전부가 아니라는 것을, 제가 현재 옳다고 생각하는 것도 그렇지 않을 수 있다는 것을, 좀 더 일찍 깨달았으면 얼마나 좋을까 싶습니다.

저에게 보이지 않는 것들이 제가 볼 수 있는 것과는 비교할 수 없을 만큼 더 많이 있다는 것을 이제는 압니다. 그동안 보이지 않았던 것들을 보려고 해야 하지 않을까 싶어 책으로 정리해 보았습니다.

앞으로도 저에게 보이지 않는 것들을 보기 위해 더욱 노력하려고 합니다. 모든 것을 볼 수는 없지만, 지금보다는 더 많은 것을 볼 수 있도록 끊임없이 노력하고자 합니다.

2024. 1

저자

차례

1. 공적영지지심(空寂靈知之心)

나는 오늘 어떠한 삶을 살아가게 될까? 아침에 일어나 부지런히 해야 할 일을 하겠지만, 그러한 일들이 나에게 어떠한 의미가 있는 것일까? 나는 헛된 에너지를 쓰며 오늘 하루를 또 보내게 되는 것은 아닐까? 어쩌면 나는 오늘 내가 하는 일들이 고작 먼지 정도나 일으키는 그러한 일이 될지도 모른다.

마음이 곧 부처라고 말하는 선불교는 모든 인간이 부처님의 성품을 갖고 있다는 사상에 기초하고 있다. 불성은 글자 그대로 부처님의 성품, 즉 부처님의 순수한 마음이다. 번뇌로 더럽혀진 중생의 마음도 본래는 부처님의 마음과 다르지 않다는 이론이다. 누구든지 본래의 마음을 깨닫고 실천하면 부처가 될 수 있다는 것이 선불교의 핵심이다. 따라서 불성은 곧 인간의 참마음이며 또한 본래의 성품이다.

중국의 종밀(宗密, 780~841)은 '지(知)'의 개념을 불성의 핵심으로 간주했다. 달마가 중국에 온 후 부처님의 마음이 혜능(638~713)까지는 마음에서 마음으로 전해졌고, 각자가 알아서 수행을 하며 불성을 직접 체험하였으나, 시간이 지나면서 사람들이 타락하고 약해지면서 불성이라는 비밀스러운 진리가 위기에 처해지자, 하택신회(荷澤神會, 685~760) 선사는 불성의 핵심을 지(知)라는 한 글자로 밝혀주었다.

고려시대 지눌은 신화와 종밀의 이론에 따라 불성 또는 진심을 '공적영지지심(空寂靈知之心)'이라고 불렀다. 즉, 중생의 본래의 마음인 진심은 일체의 번뇌와 생각이 없는 고요한(공적,空寂) 마음이고, 동시에 신묘한 앎(영지, 靈知) 내지 순수한 의식이라는 것이다.

적과 지는 불교의 전통적인 용어로는 정(定)과 혜(慧)이고, 선에서는 정과 혜가 수행을 통해 얻어지는 것이 아닌 우리의 마음이 본래 가지고 있는 성품이라고 말한다.

종밀은 공적영지지심을 깨끗하고 투명한 구슬로 비유했다. 구슬이 흠 없이 맑고 투명해서 주위의 사물을 있는 그대로 반영하듯이, 진심은 일체의 번뇌가 없는 비고 깨끗한 마음이며, 만물을 비출 수 있는 투명한 구슬같이 앎을 본성으로 가지고 있다는 것이다.

우리는 흔히 우리의 오감을 가지고 거의 대부분을 판단한다. 보고, 듣고, 냄새를 맡고, 맛을 보고, 촉감을 느끼고, 생각을 하며, 그것으로 모든 것의 판단의 전부로 삼는다. 우리의 감각과 지각으로 대상을 분별하며, 옳고 그름을 따질 뿐이다. 하지만 그러한 것들의 더욱 근본적인 바탕이나 원천에 대해서는 별로 관심이 없다. 이로 인해 우리 마음의 진심을 스스로 외면하고 있는지도 모른다.

원효대사는 마음의 원천에 대해 외면하는 대부분의 사람들에 대해 다음과 같은 말을 했다. "뭇 생명 있는 자들의 감각적 심리적 기관은 본래 하나인 마음에서 생겨난 것이지만, 그것들은 그 근원을 배반하고 뿔뿔이 흩어져 부산한 먼지를 피우기에 이르렀다."

내가 하는 오늘의 모든 일들이 겨우 부산한 먼지를 피하기 위한 것은 아닌 것일까? 그러지 않기 위해 나는 어떻게 나 자신을 알아가야 하는 것일까?

누군가가 지눌 대사에게 자신의 성품을 어떻게 볼 수 있는지 묻자 지눌은 다음과 같이 답했다.

"단지 그대 자신의 마음인데, 다시 무슨 방편이 있겠는가? 만약 방편을 사용해서 다시 알기를 구한다면, 마치 어떤 사람이 자기 눈을 볼 수 없기 때문에 눈이 없다고 하면서 눈을 보려는 것과 마찬가지다. 이미 자기 눈인데 다시 어떻게 보겠는가? 만약 눈을 잃은 것이 아님을 알면 즉시 눈을 보는 것이 되어 다시 보려는 마음이 없을 것이니, 어찌 보지 못한다는 생각이 있겠는가? 자기의 신령한 앎(영지) 역시 이와 같다. 이미 자신의 마음인데 무엇을 다시 알기를 구하겠는가? 만약 알기를 구한다면 얻을 수 없음을 알아라. 단지 알 수 없음을 알면 그것이 곧 자기 성품을 보는 것이다."

우리의 마음속에 일어나는 생각 중에는 '나'라는 생각이 가장 먼저 일어나는 경우가 대부분이다. 다른 생각들은 사실 나라는 생각 이후에 일어난다. 어쩌면 나의 마음에서 처음에 일어나는 '나'라는 생각은 거짓된 나의 모습일지 모른다. 이러한 거짓된 나를 제거한 후 우리는 참나를 만나게 될지 모른다. 그러한 참나는 결코 부산한 먼지를 피우지는 않을 것이다.

2. 심우도(尋牛圖)

　나는 누구일까? 우리는 진정한 나 자신을 알고 있는 것일까? 어제의 나보다는 오늘의 내가 더 나아져야 하고, 오늘의 나보다는 내일의 내가 더 나은 모습으로 살아가야 할터인데 우리는 그러한 노력을 하고 있는 것일까?

　자신이 누구인지를 발견하고 그 깨달음에 이르는 과정을 야생에 살고 있는 소를 길들이는 데 비유하여 중국 송나라 때 곽암이 열 단계로 그린 그림을 심우도라고 한다.

(1) 심우(尋牛)

忙忙撥草去追尋
水闊山遙路更深
力盡神疲無處覓
但聞楓樹晚蟬吟

바쁘게 풀밭을 헤치며 쫓아 찾아가니
물은 넓고 산은 먼데 길 또한 깊구나.
힘이 다하고 정신이 피곤함에 찾을 곳이 없는데
다만 단풍나무에 때늦은 매미소리 들리네.

심우란 인간이 자신의 본성이 무엇인가를 찾기 위한 마음을 일으키는 단계이다. 소를 찾기 위하여 산속을 헤매듯이 우리도 자신을 찾기 위해 방황하는 단계이다.

(2) 견적(見跡)

水邊林下跡偏多
芳草離披見也麽
縱是深山更深處
遼天鼻孔怎藏他

물가 수풀 아래 발자국이 널려 있고
아름다운 풀꽃이 활짝 피었으니 그 무엇을 보겠는가.
비록 깊은 산 또 더 깊은 곳에 있다한들
하늘을 휘젓는 콧구멍은 어찌 숨길 수 있는가.

 견적이란 마음 깊은 곳으로 들어가 소의 발자국을 발견
하는 단계이다. 소의 발자국을 볼 수 있는지 볼 수 없는
지는 오직 마음에 달려 있다. 마음을 다하면 본성의 모습
을 어렴풋이 느끼게 된다.

(3) 견우(見牛)

黃鸝枝上一聲聲
日暖風和岸柳靑
只此更無回避處
森森頭角畫難成

가지 위의 꾀꼬리는 한결같이 지저귀는데
날은 따뜻하고 바람은 온화하며 언덕 위 버들은 푸르구
나.
다만 이곳에서 다시 돌아가 피할 곳이 없으니
우뚝 솟은 뿔의 진면목을 묘사하기 어렵구나.

　견우란 소의 발자국을 따라가다가 마침내 마음 깊은
곳에 있는 소를 발견하는 단계이다. 견성이 눈앞에 이르
렀음을 암시한다.

(4) 득우(得牛)

竭盡神通獲得渠
心强力壯卒難除
有時纔到高原上
又入烟雲深處居

신통을 다하여 저것을 얻었으니
마음과 힘은 강건하나 끝내 다스리기 어렵구나.
때로 가까스로 높은 언덕 위에 오르고

또 안개구름 깊은 곳에 들어가기도 한다네.

득우란 마음 속에 있는 소를 보긴 했으나 단단히 붙들어야 하는 단계이다. 소는 기회만 있으면 도망치려고 하기 때문이다. 이때의 소는 아직 길들여지지 않은 야생의 소이기에 검은 색이다. 점점 나의 마음을 스스로 다스려감에 따라 소는 흰색으로 변하게 된다.

(5) 목우(牧牛)

鞭索時時不離身
恐伊縱步入埃塵

相將牧得純和也
羈鎖無抑自逐人

소 몸에 고삐를 항상 매어두는 것은
걸음을 함부로 해서 속세에 들어갈까 저어해서라네.
도와서 순하고 온화하게 길들이려면
굴레로 억제하지 않고 스스로 사람을 잘 따르게 하려네.

　목우란 소의 야성을 길들이기 위해 소의 코에 코뚜레
를 하는 단계이다. 소가 유순하게 길들여지기 전에 달아
나버리면 다시는 찾기 어렵다.

(6) 기우귀가(騎牛歸家)

騎牛迤邐欲還家
羌笛聲聲送晚霞
一拍一歌無限意
知音何必鼓唇牙

소를 타고 느릿느릿 집으로 돌아오려 하는데
피리소리 저녁 노을에 퍼진다.
한 박자 한 노래에 무한한 뜻 담겨 있으니
노래의 뜻을 아는 이 있다면 굳이 설명하리오.

기우귀가란 잘 길들여진 소를 타고 마음의 본향인 자기 자신으로 돌아가는 단계이다. 번뇌와 탐욕, 망상이 사라진다. 소는 무심하고 그 소를 타고 가는 나도 무심하다. 마음이 없는 상태이다. 이제 소는 완전히 흰색으로 변하였다.

(7) 망우존인(忘牛存人)

騎牛已得到家山
牛也空兮人也閑
紅日三竿猶作夢

鞭繩空頓草堂間

소를 타고 집에 이르니
소의 마음 비었고 사람 또한 한가롭다.
붉은 해는 정오인데 오히려 꿈을 꾸고
고삐만 부질없이 초당에 버려져 있네.

 망우존인이란 집에 와보니 소는 간데 없고 나만 남아
있는 단계이다. 소란 나의 심원에 도달하기 위한 것에 불
과했으니 그것을 잊어야 함이다. 자신이 깨달았다는 자만
감을 버리는 경지이다.

(8) 인우구망(人牛俱忘)

鞭索人牛盡屬空
碧天寥廓信難通
紅爐焰上爭容雪
到此方能合祖宗

고삐와 사람과 소 모두 공으로 돌아갔으니
푸른 하늘은 텅 비고 넓어서 참으로 통하기 어렵구나.
화로의 불꽃 위에 다투어 눈을 받아들이듯이

이 경지에 이르면 바야흐로 조종과 합치된다네.

　인우구망이란 소가 사라진 뒤에는 자기 자신도 잊어야
하는 단계이다. 깨우침도 깨우쳤다는 법도 깨우쳤다는 사
람도 존재하지 않는다. 즉 공(空)에 이르렀음을 의미한다.
완전한 깨달음의 단계이다.

(9) 반본환원(返本還源)

返本還源已費功
爭如直下若盲聾

庵中不見庵前物
水自茫茫花自紅

본원으로 돌아감에 있어 정력을 너무 허비했으니
어찌 눈 먼 봉사나 귀머거리처럼 하느냐.
집안에서 집 앞의 것을 보지 못하나
물은 스스로 아득히 흘러가고 꽃은 절로 붉도다.

 반본환원이란 텅 빈 원상 속에 있는 자연 그대로의 모습이 보이는 단계이다. 산은 산이고 물은 물이라는 말이 여기서 나온다. 모든 것의 모습이 있는 그대로 비로소 보이게 된다. 나의 생각과 편견, 그리고 선입견이 사라진다. 참된 지혜를 가지게 되는 자아를 발견한다.

(10) 입전수수(入廛垂手)

露胸跣足入廛來
抹土塗灰笑滿腮
不用神仙眞秘訣
直教枯木放花開

가슴을 드러내고 맨발로 가게에 돌아와
흙과 회를 바르니 뺨에 웃음이 가득하구나.
신선의 비결을 쓰지 않고도

곧 마른 나무로 하여금 꽃이 피게 하는구나.

입전수수란 이제는 거리로 나아가 중생을 위하는 경지이다. 싯다르타가 깨달은 후 세상으로 나간 것과 같다. 중생을 위한 베풂과 덕이 자신의 내면에 존재하게 된다.

 삶은 유한하다. 삶에는 답이 없다. 하지만 우리는 보다 나은 내일을 위해 더 나은 나 자신을 위해 오늘을 살아가고 있는 것이 아닐까? 이를 위해 우리가 지금 해야 할 것은 무엇일까? 얻으려 하다 잃게 되고 취하려 하다 놓치는 그러한 일들을 우리는 반복하고 있는 것은 아닐까?
 내가 누구인지를 알아야 소중한 우리의 삶이 더욱 의미가 있는 것은 아닐까? 우리는 오늘도 헛된 것을 찾아 헤매고 있는 것인지도 모른다. 진정으로 나에게 소중한 것은 무엇일까? 나에게 가장 소중한 것은 나라는 존재가 아닐까?

3. 보원행(報怨行)

달마 조사의 강론 중에서 <약변대승입도사행>에는 '보원행(報怨行)' 대목이 있다. "수도자가 고통과 시련에 빠질 때, 그는 스스로에게 이렇게 말해야 한다. 지나간 헤아릴 수 없는 많은 시간에 나는 본질적인 것을 버리고 우연적인 것을 쫓았다. 그러니 지금 이 고통이 어찌 이 세상에서의 과오 때문이겠는가. 다만 전생의 업의 결과일 뿐. 그러니 누구를 증오할 것인가. 다만 나 스스로 이 쓴 열매를 감내하리라."

보원행이란 수행자가 고통을 당할 때는 과거에 자신이 저지른 행위의 과보라 생각하여 다른 사람을 원망하지 않는 것을 말한다.

원효대사의 <금강삼매경론>에는 행입(行入)에 대한 말이 나온다. "행입이라는 것은 마음이 기울어지거나 의존하지 않고 그림자가 흐르거나 변이하지 않으며, 생각을 고요하게 하여 존재하는 것들에 대해 구하는 마음이 없어서 바람이 두드려도 움직임이 없는 것이 마치 대지와 같다. 마음과 자아를 버리고 떠나서 중생을 구제하더라도 생겨남도 없고 상도 없으며 취하지도 않고 버리지도 않는다."

행입에는 네 가지가 있는데, 그중에 하나가 보원행이다. 나의 괴로움은 바로 나 자신에게 원인이 있음이다. 다른 이를 원망하고 탓한다면 언제까지라도 마음의 평안을 얻기는 힘들다. 나의 고통은 내가 모르는 사이 과거의 내가 수많은 원한과 미움을 뿌렸기 때문이다. 나는 차마 인식조차 하지 못하지만, 다른 사람에게 많은 피해도 주었고, 다른 이의 마음에 깊은 상처도 남겼을 것이다. 내게 잘못이 없는 것 같아도, 그것은 오로지 나만의 생각일 뿐이다. 내가 잘못한 일이 아닌 것 같지만, 알고 보면 내가 모르는 잘못을 했음이다.

나의 괴로움이 큰 만큼 나의 잘못이 많았음을 인식해야 하지 않을까 싶다. 다른 사람이 나를 힘들게 하는 만큼, 나 또한 그들을 너무 많이 힘들게 했음이다. 그러니 나의 괴로움은 그 누구의 탓도 아니니 원망하는 것조차 부끄러울 따름이다.

나의 일상에서 나의 괴로움은 나로 인한 것이니 괴로워할 필요도 없다. 나의 책임이니 받아들이고 과거의 나의 잘못을 돌이켜 볼 뿐이다.

아무도 원망하지 말고, 그 누구도 미워하지 말며, 오로지 나의 잘못만을 생각할 때 나의 마음의 괴로움은 사라지고 지금 내가 있는 이 자리에서 미래의 내가 괴롭지 않기 위한 선을 쌓아 나갈 때 나의 과오의 반복이 더 이상 일어나지 않으리라는 생각이 든다.

4. 왜 산은 산이고 물은 물일까?

"산시산 수시수(山是山 水是水)", 즉 산은 산이고 물은 물이다라는 말은 청원선사(靑原禪師)의 설법에서 유래되어 경덕전등록(景德傳燈錄)에 수록되어 있다.

이 말을 가만히 생각해 보면 모든 것을 있는 그대로 받아들이라는 뜻이 아닐까 싶은 생각이 든다. 물론 내 생각이 맞지도 않을 수 있고 그 깊은 뜻을 완전히 이해할 수는 없지만 조금이라도 그 뜻을 알고 싶어 생각해 보는 것이다.

우리는 모든 것을 내 중심으로 생각하는 경향이 강하다. A라는 사람이 있다고 가정해 보자. B라는 사람이 A에게 잘해주면 A는 B가 좋은 사람이라고 생각하고 다른 사람들에게도 B가 정말 멋있는 사람이라는 이야기를 한다. 그러다가 B가 A에게 조금 서운하게 해주면 좋은 사람이 갑자기 나쁜 사람으로 변해 버리고 주위 사람들에게도 B를 나쁜 사람이라는 험담을 하기도 한다. C라는 사람이 있다고 가정해 보자. B가 C에게 A에게 한 것과 같이 똑같이 대해 주었는데 C는 B에게 그리 서운하게 생각하지 않고 아마 다른 사정이 있을 것이라고 생각하고 B에게 무슨 어려운 일이 있는지 궁금해하면 C는 B를 도와주려고 할 수도 있다.

B는 A나 C에게 똑같은 행동을 했는데도 불구하고 A와 C가 받아들이는 것은 완전히 다른 것이다. 왜 그런 것일까? A와 C가 B를 보는 것이 다르기 때문이다. B를 각자의 입장에서 생각하고 판단해 버리기 때문에 전혀 다른 결과가 만들어지는 것이다. 즉 B를 있는 그대로 보는 것이 아니라 자신의 입장에서 보기 때문에 이러한 차이가 생긴다.

우리는 살아가면서 거의 대부분의 것을 자신의 입장에서만 바라본다. 자신이 알고 있는 지식 안에서만 생각하고 판단하며 결정한다. 다른 가능성을 생각하는 사람은 극히 드물다. 자신의 한계를 인식하는 사람도 찾아보기 힘들다. 스스로 잘못이 있을 거라 생각하며 모든 사람이나 사물을 있는 그대로 바라보고 받아들이는 사람도 별로 없다.

자신의 입장에서 바라보고 생각을 하면 산이 물이 될 수도 있고 물이 산이 될 수도 있는 것이다. 한계가 있는 자신의 지식으로 모든 것을 인식하기 때문에 다른 사람에게는 좋은 사람이지만 그에게는 나쁜 사람이 되고 다른 사람에게는 나쁜 사람이 그 사람에게는 좋은 사람이 되는 것이다.

　여기에 우리의 많은 문제가 생겨날 수 있다. 있는 것을 제대로 볼 수가 없는데 그다음은 말할 필요가 없는 것이다. 그러한 문제가 계속 끊임없이 쌓이다 보니 주위의 사람이나 사물, 세상의 모든 일을 제대로 보는 사람이 드물 수밖에 없다. 즉, 모든 것의 본질을 제대로 보는 사람이 거의 없다는 것이다. 자신의 생각과 판단으로 그 모든 것의 본질을 스스로 거부하고 있는 것과 마찬가지이다. 그러기에 산이 산이 아니고 물이 물이 아니게 된다.

　자신이 강할수록 그러한 시야가 확보되지 않는다. 쉽게 말해 눈 뜬 장님이 되는 것이다. 산이 물로 보이고 물이 산으로 보이는 눈을 갖게 되고 마는 것이다.

　산은 산이고 물은 물로 볼 수 있도록 우리 스스로 우리의 눈을 맑게 할 필요가 있다.

5. 진짜로 없다

"이것이 있으므로 저것이 있고
이것이 생하므로 저것이 생한다.
이것이 없으므로 저것이 없고
이것이 멸하므로 저것이 멸한다.
(중아함경)"

  나에게 다가온 것은 잠시 그렇게 머무르다 언젠가 나로부터 떠나가기 마련이다. 잠시 나에게 속했다고 해서 그것이 진짜로 내 것인 줄 알고 있다. 하지만 모든 것은 내 것이 아니다.
  우리는 아무것도 가진 것 없이 와서 갈 때도 아무것도 가지고 갈 수가 없다. 지금 내가 가지고 있는 것이 언젠가는 나로부터 떠나가는 것이 불변의 진리다.
  "전도자가 이르되 헛되고 헛되며 헛되고 헛되니 모든 것이 헛되도다. 해 아래에서 수고하는 모든 수고가 사람에게 무엇이 유익한가. (중략) 이미 있던 것이 후에 다시 있겠고 이미 한 일을 후에 다시 할지라. 해 아래에는 새

것이 없나니 무엇을 가리켜 이르기를 보라 이것이 새것이라 할 것이 있으랴. (전도서 1 : 2~9)"

가장 지혜로웠다고 하는 이스라엘의 솔로몬 왕은 BC 935년 무렵 인간이 누릴 수 있는 모든 영화를 다 누렸다. 그럼에도 불구하고 그는 전도서에 이러한 기록을 남기고 자신 또한 사라져 버렸다.

재물도 나에게 왔다가는 언젠가 사라지고 사람도 마찬가지이며 인간의 감정도 그렇다. 누구를 좋아하고 사랑하는 마음도 영원한 것은 없다.

사랑이 영원한 것이라 믿기에 거기에 집착하고, 내 주위에 있는 사람이 나의 사람이라 생각하기에 그 사람에 연연하며, 내가 가지고 있는 물질이 완전히 나의 것으로 남아 있을 것이라 생각하기에 그것에 집착할 뿐이다.

인연이 되어 나에게 왔지만, 인연이 끝나면 나로부터 다 떠나갈 수밖에 없다. 모든 것은 이유가 있어서 나에게 왔지만, 또 다른 이유로 그렇게 나로부터 사라진다.

자연의 원리도 마찬가지이다. 원인이 있기에 결과가 따른다. 원인이 없이 결과만 존재하는 것은 없다. 확률도 마찬가지이다. 가능성이 있기에 확률이 있는 것이다. 그러한 결과가 또 다른 원인이 된다. 그렇게 모든 것은 얽혀 나의 주위에 그리고 나에게 일어나고 있다. 그것에 내가 욕심을 부리고 저항하느라 내가 힘들 수밖에 없는 것이다.

지금 이 자리에 존재하고 있는 나도 언젠간 사라진다. 내가 있고 네가 있고 세상이 있다고 생각하기에 우리는 헛된 것에 연연할 뿐이다. 없어질 것을 가지려 하기에 우리는 스스로 괴로울 뿐이다. 모든 영화나 영광도 한순간일 뿐이다. 그러기에 지금 현존해야 한다.

내 주위에 있다고 생각하는 것들이 언젠간 사라질 것이기에 현존하는 나는 그것을 사랑해야 한다. 떠나가는 것은 다시는 돌아오지 않을지도 모른다.

나에게서 무언가가 떠나가면 새로운 또 다른 무언가가 온다. 하지만 그것 또한 나를 언젠가는 떠나간다. 영원히 내 옆에 있게 하려고 하기에 내가 아플 뿐이다.

나에게 진짜로 있는 것은 아무것도 없다.

6. 눈에 보이는 것이 다가 아니다

　눈에 보이는 것만이 다는 아니다. 쇼펜하우어의 <의지와 표상으로서 세계>에는 "세계는 나의 표상이다"라는 말이 있다. 그는 이로써 인간의 철학적 사유가 가능하다고 말했다. 하지만 놓치지 말아야 할 것은 표상만이 전부가 아니라는 사실이다. 우리의 인식 그 너머에는 진정한 본질의 세계가 있다. 물론 표상도 의미가 있다. 표상이 없다면 우리는 세계를 인식하는 데 있어 엄청난 어려움이 있을 것이다.

　하지만 우리들은 어쩌면 겉으로만 보이는 것, 자기 눈에만 보이는 것으로 모든 것을 판단한다. 진작 더 중요한 것을 보려 하지 않고 자신의 눈에 보이는 것이 전부라는 생각을 하는 경우가 대부분이다. 항상 열린 가능성을 염두에 두어야 함에도 불구하고 그냥 있는 그대로 보이는 대로 보고 생각하고 판단하게 된다.

　어떤 사실을 객관적으로 살피지 않고 이미 본인이 내린 답안지를 기준으로 생각하고 판단하는 경우가 너무나 많다. 그 기준이 되었던 답안이 틀린 답안일 수도 있는데 말이다.

파란색의 안경을 끼고 세상을 본다면 표상으로서의 세상은 파란 세상이다. 빨간색의 안경이라면 온통 빨간 세계일 수밖에 없다. 도수가 맞지 않은 안경이라면 세상이 온통 흐릴 것이다. 내가 끼고 있는 안경은 어떤 안경일까?

왜 저 사람은 저럴까? 왜 이 사람은 이럴까? 하는 생각 자체가 그가 어떤 안경을 끼고 있기 때문이다. 그 안경은 세상을 본질적으로 보고 이해하는 데 방해가 될 뿐이다.

가느다란 1차원적 철사가 있고 그 철사 위에 개미가 있다고 가정하자. 그 철사 위를 1차원적으로 왔다 갔다 하는 개미에게는 세상은 1차원일 뿐이다. 2차원 평면 공간에 있는 어떤 생물이 있다고 가정하자. 그렇다면 그 생명체는 세상 자체가 2차원이 전부일 뿐이다. 3차원 공간에 있는 생명체에는 그의 세계는 3차원이며, 4차원 시공간에 있는 생명체의 세계는 시간과 공간을 아우르는 4차원이 그의 세계이다.

우리 인간은 4차원 시공간에 존재하여 4차원을 이해하고는 있지만 어쩌면 우주나 자연은 4차원 시공간이 아닐지도 모른다. 5차원이 될 수도 10차원이 될 수도 있다. 아니 차원 자체가 숨겨져 있을지도 모른다.

우리가 현재 알고 있는 것이 전부가 아니다. 내가 보고 있는 것이 전부가 아니다. 내가 모르는 세계가 더 크고 더 넓으며 더 많은 것이 있는지도 모른다.

차원의 여행을 떠난다면 우리는 어느 차원으로 가야 하는가? 그 결정을 어떤 기준으로 해야 하는가?

겉으로 보이는 표상은 같은 차원에서 같은 차원으로 가는 여행임에도 불구하고 그것이 전부라 착각하는 것이다. 표상은 넘어야 할 어떤 것일 뿐이다.

<금강경(金剛經)>에는 다음과 같은 말이 있다.

佛告須菩提
凡所有相
皆是虛妄
若見諸相非相
卽見如來

부처가 수보리에게 이르기를
대개 유상은 모두 허망한 것이니,
만일 모든 상(相)이 상 아닌 것을 알면
곧 여래(如來)를 보느니라

모든 것은 돌고 돌아 허망한 것이니, 현상과 본질을 함께 볼 수 있어야 한다고 석가모니는 말한다. 즉 단지 드러난 현상만을 보아서는 안 되고 그 너머까지도 보아야 한다는 뜻이다. 그는 우리가 못 보는 것을 보려 노력했다. 그것이 본질이며 그것이 여래다. 진정한 참모습이다.

진정한 참모습을 보려고 하는 노력조차 없다면 어쩌면 우리는 거짓과 허상에 사로잡힌 세상에서 헛된 것을 위해 살고 있는 것일지도 모른다.

내가 가지고 있는 나의 세계로서의 표상이 나의 한계가 되어서는 안 된다. 그것이 나의 전부가 되어서도 안 될 것이다. 유한한 존재로서의 나지만 더 나은 나의 모습으로 되어가는 과정이 나의 진정한 세계의 창조가 아닐까 싶다. 최종적인 모습은 문제가 안 된다. 그것은 인간이기 때문에 어쩔 수 없다. 하지만 더 나은 나의 모습으로의 과정은 아직 내가 탐험하지도 않았고, 경험한 적도 없는 세계이다. 그 세계에 무엇이 있는지는 모른다. 하지만 확실한 것은 지금 나의 세계로서의 표상을 넘어야 그것이 가능할 뿐이다. 나는 그 여행을 떠나고자 한다. 그 여행은 지금처럼 따스한 봄날 예쁜 꽃을 볼 수 있는 아름다운 여행일 것이 너무나 분명하다.

7. 별들도

  별의 일생은 어떠할까? 어릴 적 밤하늘을 볼 때마다
별에 대한 모든 것이 궁금했다. 별은 그냥 하늘에 저렇게
붙어 있는 것인지? 별 안에는 무엇이 있는지? 별이 변하
지 않고 항상 그 모습을 유지하는 것인지? 가볼 수는 없
지만 별에 대한 호기심은 그 후로도 계속 되었다. 그래서
대학원 공부를 시작할 때 천체물리학을 전공했다. 하지만
공부하는 도중 가족을 책임져야 하는 상황에서 더 이상
나만의 꿈을 쫓을 수는 없었다. 평생 하고 싶었던 것을
포기했다. 나의 꿈보다는 가족이 더 중요했기에 과감하게
결정하고 미련을 버렸다. 그 이후로 나는 어떤 것을 포기
하는 것이 너무나 쉬웠다. 일평생 하고 싶었던 것을 포기
했는데 다른 것을 포기하는 것은 일도 아니기 때문이었
다.
  별의 일생에 대해 연구한 사람으로는 인도 출신의 물
리학자 찬드라세카를 빼놓을 수 없을 것이다. 인도에서
태어난 그는 영국으로 건너가 캠브리지 대학교에서 에딩
턴 밑에서 박사학위를 받았다. 그의 가장 중요한 이론이

바로 별의 일생 중 마지막 과정에 대한 이론물리학적 해석이다. 별의 에너지는 핵융합에 의해 이루어지는데 별 안에 있는 모든 연료, 즉 수소가 다 소모되면 별의 진화에 있어서 마지막 단계, 즉 별의 죽음의 단계에 이른다. 그 모습은 별 자체의 질량에 의해 결정된다.

찬드라세카는 태양질량의 1.4배 이하의 별은 백색왜성으로 진화해 종말을 고하고, 그 이상의 별은 중성자별이나 블랙홀로 된다는 이론을 만들었다. 블랙홀이란 중력에 의해 별이 붕괴되는 것인데 밀도가 무한대에 가까워지기 때문에 당시엔 그의 이론이 받아들여지지 않았다. 백색왜성의 최대 질량이 바로 "찬드라세카 한계"이다. 그의 스승이었던 에딩턴마저 그의 이론을 비판했다. 하지만 나중에 세계제 2차대전의 종식을 위해 미국이 핵폭탄을 만드는 과정에서 책임을 맡았던 오펜하이머에 의해 찬드라세카의 이론이 옳다는 것이 알려지게 되었다.

찬드라세카는 영국에서 박사학위를 받고 미국 하버드 대학 천문대에서 일하다 시카고 여키스 천문대로 자리를 옮긴다. 여키스 천문대에서 일을 하면서 시카고 대학교의 겨울 계절 학기 강의를 맡았는데, 당시 그의 수업을 수강 신청한 학생은 2명이었다. 학교에서 폐강을 시키려 하였으나 학생 2명이라도 가르치고 싶다는 그의 의견을 받아들여 폐강을 시키지 않고 수업을 진행했다. 나중에 그의 수업을 들었던 그 2명의 학생은 모두 노벨물리학상을 받았다. 찬드라세카 역시 천체물리학 이론으로 노벨 물리학상을 받게 된다.

모든 별은 태어나서 성장하여 진화하다가 나중에 최종적으로 죽음을 맞이한다. 나는 사실 어릴 때 별은 하늘에 오래도록 어쩌면 영원히 계속될 것이라 생각했다. 하지만 영원무궁할 것 같은 별도 시간이 오래 걸릴지언정 죽기 마련이다.

자연은 어쩌면 예외가 없다. 우주 공간에 존재하는 모든 것은 다 사라져 버리니 말이다. 우리 태양은 가장 표준적인 별이라 할 수 있다. 표준적인 별의 수명은 100억 년이다. 즉, 우리 태양은 앞으로 50억 년이 지나면 죽음을 맞이할 수밖에 없다. 예외 없는 법은 없다고 하지만 자연에는 그런 것은 존재하지 않는다. 생명을 가지고 있는 것이건 아니건 간에 모든 것은 태어나 어느 정도 시간이 지나면 죽는다. 죽음은 그 어떤 존재도 피할 수 없는 자연의 법칙이다.

불가에도 비슷한 말이 있다.

會者定離
去者必返
生者必滅

만나면 언젠가는 헤어지기 마련이고,
떠난 사람은 다시 돌아오게 되고,
태어난 것은 죽기 마련이다.

 생자필멸, 이것은 예외 없는 자연의 이치다. 당연한 것을 당연하게 받아들이지 못한다면 그건 과욕일 뿐이다. 나도 언젠가는 죽게 될 것이다. 지금 오늘 이 시간이 중요할 수밖에 없다. 내일이 오지 않을 수도 있다. 살면서 많은 사람을 만나지만, 언젠가는 헤어져야 하며, 내 주위의 따뜻한 사람들과 죽음으로 헤어져야 하는 때도 온다. 영원무궁할 것 같았던 별도 시간의 제약이 있는 한 번뿐인 일생이 있을 뿐이다. 별도 자연에서 왔으니 자연으로 돌아갈 뿐이다. 인간도 똑같은 길을 걸을 수밖에 없다.
 따뜻한 봄날이 되어 주위엔 온통 꽃들이 피어나고 있다. 매화를 시작으로 벚꽃, 개나리, 진달래 등, 온 주위가 예쁜 꽃들로 가득 차 있다. 시간이 지나면 그 예쁜 꽃들로 다시 지고 말 것이다. 요즘 들어 태어남보다 죽음이 더 익숙해져 오는 것이 왠지 아쉽기는 하지만, 다시 옛날로 돌아가고 싶은 마음도 생기지 않는 건 무슨 이유일까? 꽃들이 더 지기 전에 예쁜 사진이라도 많이 찍어놔야 할 것 같다.

8. 버린다는 것

   예전에는 시간을 쪼개가면 많은 것을 하려고 했다. 무언가를 한다는 것이 의미가 있는 것으로 생각했다. 목표를 정하고 그것을 달성하기 위해 시간을 아껴가며 노력하는 것이 열심히 사는 것이라고 여겼다. 그 목표를 위해 달성하기 위해 다른 것을 생각하기 않고 주위도 바라보지 않고 나 자신도 돌아보지 않으면서 생활하는 것이 나에게 주어진 삶의 최선이라 생각했다. 하지만 그럼으로써 나 자신이 망가져 감을 인식하지 못했다. 나를 객관적으로 파악을 하지 못하고 나의 단점을 그냥 무시한 채 앞만 보고 달리다 보니 얻은 것도 있었지만 잃은 것도 너무나 많았다. 그 잃은 것들이 나에게 뼈아팠다.
   하지만 무언가를 하는 것보다 아무것도 하지 않고 내 자신을 돌아보며 생각을 더 많이 하는 것이 더 중요한 것 같다. 스스로 무언가를 해서 내가 원하고자 하는 것을 얻기보다는 다만 바라보고 물 흐르듯 많은 것을 맡겨두는 것이 더 낫다는 생각이 든다.
   노자가 말하는 무위는 단순히 아무것도 하지 않음을

뜻하는 것은 아니다. 그가 말하고자 하는 무위는 자연의 순리를 어긋나는 인위를 하지 않음을 말하는 것이 아닐까 싶다. 즉 인간의 지식이나 욕심으로 세상을 바꾸려 하지 않음이다. 주위 사람이나 주위 환경을 자신이 바라는 대로 다 되게끔 애쓰려 하는 것을 피하라는 뜻이다. 오히려 그것이 더 큰 문제를 야기시킬 수 있기 때문이다.

나도 많은 것을 내가 생각하는 것이 옳다고 여겨 그것을 위해 무리수를 두어 살아온 것 같다. 그러한 무리수가 당시에는 합당하다고 생각되었으나 지나고 나서 보면 그렇지 않은 경우가 너무나 많았다.

왜 이런 생각을 당시에는 하지 못했을까? 이유는 간단하다. 내가 어리석었기 때문이다. 내가 옳다고 생각하는 아집 때문이었다. 이제는 나 자신을 버릴 때다. 나 자신을 버려야 그 어리석었던 길을 다시 가지 않을 수 있다. 나를 다 버리고 내 자신의 존재의 미미함만을 가지고 살아가야겠다는 생각이 든다.

법구경에는 이런 말이 있다.

"감정의 즉각적인 대응을 초월한 사람이 있다.

그는 땅처럼 인내하며,

분노와 두려움의 불길에 휩싸이지 않고,

기둥처럼 흔들림 없고,

고요하며 조용한 물처럼 동요치 아니한다."

나 자신을 버림으로 감정을 초월할 수 있기를 바란다.

내 감정은 내가 아니다. 나의 일부일 뿐이다. 나의 일부가 나의 전부가 되면 안 된다. 물처럼 동요하지 않고 그냥 흘러가야만 하려 한다. 내가 주위 사람들을 바꾸고, 모든 것을 나의 마음대로 해 나가고자 할 때 무위의 법칙은 깨진다. 그 아픔은 나의 아픔일 뿐만 아니라 모든 이의 아픔이 될 수도 있다.

노자가 얘기하는 "도(道)"는 자연의 원리이자 순응이다. 자연의 법칙 그것이 바로 신의 뜻이 아닐까 싶다. 나 자신을 버리는 게 아마도 신의 뜻인 듯하다. 비가 내리고 있다. 촉촉한 비가 대지를 적시고 있다. 나 자신을 버리려 하니 내 마음에도 비가 촉촉이 내리는 듯하다.

9. 불구부정(不垢不淨)

누구한테는 더러울지 모르지만, 누구한테는 더럽지 않다. 누구한테는 깨끗할지 모르지만, 누구한테는 깨끗하지 않다. 어떤 이에게는 좋을지 모르지만, 다른 이한테는 나쁠지 모른다. 어떤 사람에게는 옳을지 모르지만, 어떤 사람에게는 옳지 않을지 모른다.

더럽고 깨끗한 기준, 좋고 나쁨의 기준, 옳고 옳지 않음의 기준은 없다. 단지 보는 사람의 관점일 뿐이다. 자신이 생각하는 것을 기준이라고 할 때 분별이 생길 뿐이다. 그것이 고통과 괴로움의 시작이 될 수 있다.

그 기준을 누가 만들었을까? 결국 본인 자신이 그러한 기준을 만들어 그 기준의 노예가 되는 것이다. 스스로 자신을 속박하는 기준에 의해 세상의 진정한 모습을 볼 수 없게 된 것이다.

이 세상에 깨끗한 것은 없고, 더러운 것도 없다. 옳은 것도 없고 옳지 않은 것도 없다. 좋은 것도 없고 나쁜 것도 없다. 오직 자신의 마음이 그러한 것들을 만들었을 뿐이다.

기준이 사라질 때 모든 것을 받아들일 수 있다. 있는 그대로 존중할 수 있다. 내가 보기에 부족한 사람일지 모르지만, 나라는 인식의 기준을 없앨 때 그는 부족한 사람이 아닌 그 사람 자체의 존재로 남는다.

모든 존재를 있는 그대로 볼 수 있을 때 마음의 고통과 괴로움에서 해방될 수 있지 않을까? 물론 그것이 결코 쉽지는 않지만, 그 가능성을 배제하지 않고 열어 두었을 때, 불구부정의 마음으로 갈 수 있지 않을까?

분별과 판단은 자기 자신을 더 작은 세계로 몰아가는 양치기 목동 소년과 다름없다. 스스로 더 넓은 세계를 포기하는 것과 같을 뿐이다. 나의 기준으로 다른 사람을 판단하고 배척한다면, 그는 자신의 경계 밖을 결코 볼 수 없을 것이다.

10. 강을 건넜다

　모든 것을 잃고 나니 내려놓을 수밖에 없었다. 가진 것이 하나도 없게 될 때까지 나는 무엇을 했던 것일까? 어리석었기 때문이었다. 하나라도 더 갖기 위해, 나의 뜻대로 나 스스로와 주위의 사람들이 살아가게 하기 위해, 미련하게도 끝없는 탐욕 생활의 연속이었다.

　욕심이 이렇게 나를 망칠지 몰랐다. 나쁜 줄 알았지만, 머리로만 이해했었다. 나하고는 전혀 상관없는 단어인 줄 알았다. 멀리 떨어진, 나에게는 다가오지 않는, 나의 세계와는 관계없는, 그러한 언어로 인식했을 뿐이었다.

　그 욕심의 추진력은 나를 돌아보게 하지 못했고, 주위에서 어떠한 일이 일어나는지 볼 수 있는 눈을 가렸고, 소중한 것들이 나에게서 멀어져가는 것을 알 수 없게 만들었다.

　멈추려는 마음이 간절했지만, 욕심은 그 마음을 넘어섰다. 욕심은 악마가 되어 나를 삼켰고, 나는 그 구렁텅이에서 빠져나올 수가 없었다.

가지고 있었던 것이 모두 사라져 버리자, 그때서야 그 무서운 탐욕을 내려놓을 수 있었다. 이제는 가지고 싶은 것도, 이루고 싶은 것도, 꿈꾸고 싶은 것도 없게 되었다.

나 스스로를 바라볼 수 없었던 세계에서, 이제는 매일 나를 바라보며 살아간다. 되돌릴 수 없는 시간은 어찌할 수 없으며, 다가올 시간이 어떻게 될지 알 수 없기에 그저 오늘을 만족하며 살아갈 뿐이다.

"강을 건너는 자들은 얼마 없다. 대부분이 강 이쪽 기슭에 머물며 공연히 바쁘게 강둑만 오르내릴 뿐. 그러나 지혜로운 자들은, 길을 좇아서 죽음의 경계를 넘어, 강을 건넌다. 욕망으로부터, 소유로부터, 집착과 식탐으로부터 벗어나, 깨어남의 일곱 등불을 밝혀 온전한 자유를 만끽하며, 지혜로운 자들은 이 세상에서 스스로 깨끗하고 맑고 자유롭게 빛나는 빛이 된다. (법구경)"

이제는 강을 건넌다. 미련 없이, 이 언덕에서 저 언덕으로 그렇게 강을 건넌다. 이 세계나 저 세계나 다름이 없음을 알기에 포기하지도 않고 희망하지도 않는다.

나 스스로 빛난다 해서 무슨 소용이 있을까? 그 누구를 비추어 줄 수도 없다는 것을 알기에 그 소용도 의미 없다는 것을 알고는 있단 말인가?

강을 건너다 바라본다. 물이 흘러가는 것을, 바람이 부는 것을, 파란 하늘이 있다는 것을, 아무 생각 없이 그렇게 바라볼 뿐이다.

11. 취할 것도 버릴 것도

모든 존재는 실체가 없는 것 같다. 어떤 것이든 변하기 나름이며 고정되어 있지 않기 때문이다. 내가 누군가를 좋아하는 마음도 변하는 것 같다. 그렇게 좋았었는데, 어느 정도 시간이 지나면 싫어지기도 하고 심지어 미워하고 증오하기도 한다. 정말 내가 예전에 그렇게 좋아했었던 사실조차 믿어지지 않을 때도 있다. 상대도 마찬가지일 것이다. 내가 좋아했던 그 사람도 예전에 나를 좋아했고, 지금 내가 그 사람이 싫어졌다면 그 사람 또한 나를 싫어하고 있을 수 있다. 이 모든 것은 누구 탓이라고 하기보다는 존재의 본질적 속성이 아닐까 싶다. 이 세상에 변하지 않는 것은 없다.

좋고 싫음은 나의 괴로움의 원인이 될 수 있다. 좋은 것이야 문제가 없다고 생각하면 안 될 것이다. 그 좋은 것이 나중에 싫은 것으로 변한다면 그것이 훨씬 더 커다란 아픔을 줄 수 있기 때문이다. 나와 별로 상관없는 사람으로부터 받는 상처는 며칠 지나면 잊어버릴 수 있지만, 내가 진심으로 좋아했던 사람에게 받는 상처는 평생을 갈 수도 있기 때문이다.

좋고 싫음에 너무 집착하니 이러한 현상이 생기는 것이라 생각된다. 존재 그 자체로 만족해야 하는데 우리는 그렇게 하지 못하고 있는 것이 현실이다. 내가 좋아하는 사람에게 더 많은 애착을 가지고 있으니 피할 수 없는 것일지도 모른다.

내가 상대를 좋아하는 마음이 언젠가는 변할 수 있다는 것, 상대가 나를 좋아하는 마음도 언젠가는 변할 수 있다는 것을 인식해야 하지 않을까 싶다.

마음뿐만 아니라 존재 그 자체도 변할 수 있다. 예전에 내가 오늘의 내가 아니고, 오늘의 내가 내일의 내가 아닐 수 있기 때문이다. 그렇게 변하는 존재를 거부한다면 이는 나에게 아픔과 괴로움만 주게 될 수 있다.

좋아한다고 해서 취하려 하지 말고, 싫어한다고 해서 버리려 하지 말아야 한다는 생각이 든다. 좋고 싫음은 언제든지 변하며 그것이 존재 그 자체의 본성이기에 취하고 버리는 것은 나의 온전한 주관에 따른 존재로부터의 자유를 스스로 잃게 만드는 길이 될지도 모른다.

존재로부터의 자유는 그 존재로 인해 나의 마음의 좋고 나쁨을 벗어나는 것이라 생각된다. 좋고 나쁨의 경계를 스스로 구별 짓지 말고, 나 스스로 만든 경계에 구속되지 말아야 어떤 존재로부터 속박되지 않는 진정한 내적인 자유를 누릴 수 있지 않을까 싶다.

어떤 것을 취하지도 버리지도 않는 것이 진정한 존재로부터의 자유를 얻는 길이기에, 만약 그것이 가능해진다면 나는 내 주위의 어떤 존재로부터도 마음의 아픔과 상처를 입지 않게 될 것이라는 생각이 든다.

12. 소 치는 다니야

<숫타니파타>에는 목동 다니야와 부처 간의 아래와 같은 대화가 있다.

소 치는 다니야가 말했다
"나는 이미 밥도 지었고 우유도 짜놓았습니다
마히 강변에서 처자와 함께 살고 있었습니다
내 움막은 이엉이 덮이고 방에는 불이 켜졌습니다
그러니 신이여
비를 뿌리려거든 비를 뿌리소서."

부처는 대답하셨다.
"나는 성내지 않고
마음의 끈질긴 미혹도 벗어버렸다
마히강변에서 하룻밤을 쉬리라
내 움막은 드러나고
탐욕의 불은 꺼졌다
그러니 신이여

비를 뿌리려거든 비를 뿌리소서."

소 치는 다니야가 말했다
"모기나 쇠파리도 없고
소들은 늪에 우거진 풀을 뜯어 먹으며
비가 내려도 견뎌낼 것입니다
그러니 신이여
비를 뿌리려거든 비를 뿌리소서."

부처는 대답하셨다
"내 뗏목은 이미 잘 만들어졌다
거센 물결에도 끄떡없이 건너
이미 저쪽 기슭에 이르렀으니
이제는 더 뗏목이 소용없다
그러니 신이여
비를 뿌리려거든 비를 뿌리소서."

소 치는 다니야가 말했다
"내 아내는 온순하고 음란하지 않습니다
오래 함께 살아도
항상 내 마음에 흡족합니다
그녀에게 그 어떤 나쁜 점이 있다는 말도 듣지 못했습니다

그러니 신이여
비를 뿌리려거든 비를 뿌리소서."

부처는 대답하셨다
"내 마음은 내게 순종하고 해탈해 있다
오랜 순종으로 잘 다스려졌다
내게는 그 어떤 나쁜 것도 있지 않다
그러니 신이여
비를 뿌리려거든 비를 뿌리소서."

소 치는 다니야가 말했다
"나는 놀지 않고 내 힘으로 살아가고 있습니다
우리 집 아이들은 모두 다 건강합니다
그들에게 그 어떤 나쁜 점이 있다는 평판도 듣지 못했습
니다
그러니 신이여
비를 뿌리려거든 비를 뿌리소서."

부처는 대답하셨다
"나는 그 누구의 고용인이 아니다
스스로 얻은 것에 의해 온 세상을 거니노라
남에게 고용될 이유가 없다
그러니 신이여

비를 뿌리려거든 비를 뿌리소서."

소 치는 다니야가 말했다
"아직 길들이지 않은 송아지도 있고
젖을 먹는 어린 소도 있습니다
새끼 밴 어미소도 있고
암내 난 암소도 있습니다
그리고 암소의 짝인 황소도 있습니다
그러니 신이여
비를 뿌리려거든 비를 뿌리소서."

부처는 대답하셨다
"아직 길들이지 않은 어린 소도 없고
젖을 먹는 송아지도 없다
새끼 밴 어미소도 없으며
암내 난 암소도 내겐 없다
그리고 암소의 짝인 황소도 없다
그러니 신이여
비를 뿌리려거든 비를 뿌리소서."

소 치는 다니야가 말했다
"소를 매놓은 말뚝은
땅에 박혀 흔들리지 않습니다

문자풀로 엮은 새 밧줄은 잘 꿰여 있으니
송아지도 끊을 수 없을 것입니다
그러니 신이여
비를 뿌리려거든 비를 뿌리소서."

부처는 대답하셨다.
"황소처럼 고삐를 끊고
코끼리처럼 냄새 나는 덩굴로 짓밟았으니
나는 다시는 더 모태에 들지 않을 것이다
그러니 신이여
비를 뿌리려거든 비를 뿌리소서."

이때 갑자기 사방이 어두워지고
검은 구름에서 비를 뿌리더니
골짜기와 언덕에 물이 넘쳤다
신께서 비를 뿌리는 것을 보고
다니야는 이렇게 말했다
"우리는 거룩한 부처님을 만나 참으로 얻은 바가 큽니다
눈이 있는 이여
우리는 당신께 귀의하오니
스승이 되어주소서
위대한 성자이시여
아내도 저도 순종하면서

행복하신 분 곁에서 청정한 행을 닦겠나이다
그렇게 되면
생사의 윤회가 없는 피안에 이르러
괴로움에서 벗어나게 될 것입니다."

악마 파피만이 말했다
"자녀가 있는 이는 자녀로 인해 기뻐하고
소를 가진 이는 소로 인해 기뻐한다
사람들은 집착으로 기쁨을 삼는다
그러니 집착할 데가 없는 사람은
기뻐할 대상이 없는 것이다."

부처가 대답하셨다
"자녀가 있는 이는 자녀로 인해 근심하고
소를 가진 이는 소 때문에 걱정한다
사람들이 집착하는 것은 마침내 근심이 되고 만다
집착할 것이 없는 사람은
근심할 것도 없다."

　다니야와 부처의 대화 중 가장 큰 차이는 다니야는 '있
다'고 말하지만 부처는 '없다'고 말한다. 하지만 여기서
다니야와 부처를 다른 사람으로 꼭 생각할 필요는 없다.
다니야와 부처가 한 사람일 수도 있다. 즉, 다니야와 부

처가 동시에 나일 수도 있다. 그렇게 본다면 내가 내 안에서 '있다'고 할 수도 있고, '없다'고 할 수도 있다.

만약 목동인 다니야의 '있음'이 '없음'으로 바뀐다면 다니야가 바로 부처가 될 수 있는 것이 아닐까? 즉, 소치는 목동인 나는 부처가 될 수 있다는 것이다. 나 자신이 부처와 다름없고 부처가 바로 나인 것이다.

13. 무상계(無常戒) [무상게(無常偈)]

夫無常戒者　入涅槃之要門　越苦海之慈航　是故　一切諸佛
因此戒故　而入涅槃
부무상계자　입열반지요문　월고해지자항　시고　일체제불
인차계고　이입열반

一切衆生　因此戒故　而度苦海　某靈　汝今日　逈脫根塵　靈
識獨露　受佛無常淨戒
일체중생　인차계고　이도고해　모령　여금일　형탈근진　영식
독로　수불무상정계

何幸如也　某靈　劫火洞燃　大天俱壞　須彌巨海　磨滅無餘
何況此身　生老病死
하행여야　모령　겁화통연　대천구괴　수미거해　마멸무여　하
황차신　생로병사

憂悲苦惱　能與遠違　某靈　髮毛爪齒　皮肉筋骨　髓腦垢色
皆歸於地　唾涕膿血

우비고뇌 능여원위 모령 발모조치 피육근골 수뇌구색 개귀어지 타체농혈

津液涎沫 痰淚精氣 大小便利 皆歸於水 煖氣歸火 動轉歸風 四大各離
진액연말 담루정기 대소변리 개귀어수 난기귀화 동전귀풍 사대각리

今日亡身 當在何處 某靈 四大虛假 非可愛惜 汝從無始已來 至于今日
금일망신 당재하처 모령 사대허가 비가애석 여종무시이래 지우금일

無明緣行 行緣識 識緣名色 名色緣六入 六入緣觸 觸緣受 受緣愛 愛緣取
무명연행 행연식 식연명색 명색연육입 육입연촉 촉연수 수연애 애연취

取緣有 有緣生 生緣老死 憂悲苦惱 無明滅則行滅 行滅則識滅 識滅則
취연유 유연생 생연노사 우비고뇌 무명멸즉행멸 행멸즉식멸 식멸즉

名色滅　名色滅則六入滅　六入滅則觸滅　觸滅則受滅　受滅
則愛滅　愛滅則
명색멸　명색멸즉육입멸　육입멸즉촉멸　촉멸즉수멸　수멸즉
애멸　애멸즉

取滅　取滅則有滅　有滅則生滅　生滅則老死憂悲苦惱滅
취멸　취멸즉유멸　유멸즉생멸　생멸즉노사우비고뇌멸

諸法從本來　常自寂滅相　佛子行道已　來世得作佛
제법종본래　상자적멸상　불자행도이　내세득작불

諸行無常　是生滅法　生滅滅已　寂滅爲樂　歸依佛陀戒　歸依
達磨戒　歸依僧伽戒
제행무상　시생멸법　생멸멸이　적멸위락　귀의불타계　귀의
달마계　귀의승가계

南無過去　寶勝如來　應供　正遍知　明行足　善逝　世間解　無
上士　調御丈夫
나무과거　보승여래　응공　정변지　명행족　선서　세간해　무
상사　조어장부

天人師　佛世尊　某靈　脫却五陰殼漏子　靈識獨露　受佛無常
淨戒　豈不快哉

천인사 불세존 모령 탈각오음각루자 영식독로 수불무상
정계 기불쾌재

豈不快哉 天堂佛刹 隨念往生 快活快活
기불쾌재 천당불찰 수념왕생 쾌활쾌활

西來祖意最堂堂 自淨其心性本鄕 妙體湛然無處所 山河大
地現眞光
서래조의최당당 자정기심성본향 묘체담연무처소 산하대지
현진광

대저 무상계자는 열반에 들어가는 문이요. 고해를 건너는
자비의 배라. 이러므로 일체의 모든 부처님이 이 계로 인
하여 열반에 드시고 일체의 모든 중생들도 이 계로 인하
여 고해를 건너가나니. 영가여 이제 육근과 육진을 벗어
나서 신령스런 식이 홀로 드러나서 부처님의 위 없는 깨
끗한 계를 받으니 어찌 다행치 아니하리요.

영가야! 겁의 불이 크게 타면 대천세계 모두 무너져서 수
미산과 큰 바다가 말라 없어져서 남은 것이 없거든, 하물
며 이 몸의 생노병사와 근심고뇌로 된 것이 무너지지 않
을손가.

영가여! 머리털과 손톱과 이빨과 가죽과 살과 힘줄과 뼈와 해골과 때 낀 것은 모두 땅으로 돌아가고 가래침과 고름과 피와 진액과 침과 눈물과 모든 정기와 대변 소변은 모두 물로 돌아가고 더운 기운은 불로 돌아가고 움직이는 기운은 바람으로 돌아가서 사대가 각각 서로 헤어지나니 오늘에 없어진 몸이 어느 곳에 갔는고?

영가여! 사대가 헛되고 거짓 것이니 사랑하고 아낄 것이 없느니라. 영가여! 시작함이 없이 오늘에 이르도록 무명이 행을 반연하고 행이 식을 반연하고 식이 명색을 반연하고 명색이 육입을 반연하고 육입이 닿임을 반연하고 닿음이 받는 것을 반연하고 받는 것이 사랑하는 것을 반연하고 사랑하는 것이 취함을 반연하고 취하는 것이 있는 것을 반연하고 있는 것이 생을 반연하고 생이 노와 사와 우비와 고뇌를 반연하느니라.

무명이 멸한즉 행이 멸하고 행이 멸한즉 식이 멸하고 식이 멸한즉 명색이 멸하고 명색이 멸한즉 육입이 멸하고 육입이 멸한즉 닿음이 멸하고 닿음이 멸한즉 받는 것이 멸하고 받는 것이 멸한즉 사랑함이 멸하고 사랑함이 멸한즉 취함이 멸하고 취가 멸한즉 유가 멸하고 유가 멸한즉 생이 멸하고 생이 멸한즉 노와 사와 우비와 고뇌가 멸하느니라.

모든 법이 본래부터 항상 스스로 고요하고 고상한 상이라 불자가 이 도리를 실행하면 오는 세상 반드시 부처가 되리라. 모든 법은 항상 됨이 없으니 이것이 생멸하는 법이라. 생하고 멸함이 또 멸하여지면 고요하고 고요해서 즐거움이 되느니라. 불법승의 계에 의지하고 과거의 보승 여래, 응공, 정변지, 명행족, 선서, 세간해, 무상사, 조어장부, 천인사, 불, 세존께 의지하오니 영가여! 다섯 가지 가림의 껍질을 벗어버리고 신령스런 식이 홀로 드러나서 부처님의 위없는 깨끗한 계를 받으니 어찌 상쾌하지 아니하며, 천당과 부처님 국토에 마음대로 가서 쾌활하고 쾌활하소서.

서역으로부터 오신 조사의 뜻 당당하여 스스로 그 마음 깨끗하니 자성의 본 고향이라. 묘한 체가 맑아서 있는 곳이 없으니 산과 물과 대지가 참된 빛을 나타내더라.

　무상게는 돌아가신 분들에게 부처님의 가르침을 들려줌으로써 이승에서의 집착을 내려놓고 좋은 세상으로 갈 수 있게끔 달래는 불경이다.
　죽음은 사람을 겸손하게 만든다. 이 세상에 있는 모든

사람들에게 죽음은 평등하다. 그가 어떤 삶을 살아왔건 죽음을 피할 수 있는 사람은 없다.

죽음이 다가온 사람은 지나간 삶을 돌아볼 수밖에 없다. 자신이 잘못한 일, 후회되는 일, 고치고 싶은 일, 다시 해보고 싶은 일, 사랑하는 사람, 나를 힘들게 한 사람, 내가 힘들게 했던 사람, 힘들고 어려웠던 일, 아프고 슬펐던 일, 기쁘고 행복했던 일 등 그동안의 삶의 과정에서 경험하고 느꼈던 것들이 생각나게 마련이다.

삶을 후회하지 않는 사람 이 세상에 어디 있을까? 아무리 최선을 다해 노력했다고 하더라고 모든 사람은 자신이 살아온 삶에 대해 미련이 남고 후회되는 일이 많을 것이다.

죽음이 가까웠을 때 죽음을 생각하지 말고 오늘 지금 이 순간에도 죽음을 생각하며 살아간다면 더 나은 삶을 살아갈 수 있을 것이다.

무상게를 시간이 날 때마다 읽고 생각해 본다면 먼 훗날 후회되는 일이 줄어들지도 모른다. 죽음이 언제일지는 모르나 마치 조만간 나에게 주어진 시간이 다 끝날 것이라는 생각을 마음속에 품고 있다면 조금은 더 아름다운 순간들로 지금을 채워갈 수 있지 않을까 싶다.

14. 鏡虛禪師 參禪曲 (경허선사 참선곡)

홀연히 생각하니 도시 몽중(都是夢中)이로다
천만고(千萬苦) 영웅호걸 북망산(北邙山) 무덤이요
부귀문장(富貴文章) 쓸데없다
황천객을 면할소냐
오호라,
이내 몸이 풀 끝에 이슬이요,
바람 속에 등불이라.

삼계대사(三界大師) 부처님이 정령히 이르시대
마음 깨쳐 성불하여
생사 윤회 영단(永斷)하고
불생불멸(不生不滅) 저 국토에
상락아정(常樂我淨) 무위도(無爲道)를
사람마다 다할 줄로
팔만장교(八萬藏敎) 유전(有傳)이라.

사람 되어 못 닦으면 다시 공부 어려우니
나도 어서 닦아보세
닦는 길을 말하려면 허다히 많건마는
대강 추려 적어보세
앉고 서고 보고 듣고
착의긱반(着衣喫飯) 대인접화(大人接話)
일체처(一切處) 일체시(一切是)에
소소영영(昭昭靈靈) 지각(知覺)하는
이것이 무엇인고.

몸뚱이는 송장이요
망상번뇌 본공(本空)하고
천진면목(天眞面目) 나의 부처
보고 듣고 앉고 눕고 잠도 자고 일도 하고
눈 한번 깜짝할 제 천리만리 다녀오고
허다한 신통묘용(神通妙用) 분명한 이내 마음
어떻게 생겼는고 의심하고 의심하되

고양이가 쥐 잡듯이 주린 사람 밥 찾듯이
목마를 때 물 찾듯이
육칠십 늙은 과부
외 자식을 잃은 후에 자식 생각 간절하듯
생각생각 잊지 말고 깊이 궁구하여 가세

일념만년(一念萬年) 되게 하여
폐침망찬(廢寢忘饌)할 지경에
대오(大悟)하기 가깝도다.

홀연히 깨달으면
본래 생긴 나의 부처 천진면목 절묘하다.
아미타불 이 아니며 석가여래 이 아닌가
젊도 않고 늙도 않고 크도 않고 작도 않고
본래 생긴 자기 영광(自己靈光) 지내가되
개천개지(盖天蓋地) 이러하고
열반진락 (涅槃眞樂) 가이 없다.
지옥 천당 본공(本空)하고 생사윤회 본래 없다.

선지식을 찾아가서 요연(了然)히 인가(印可) 맞어
다시 의심 없앤 후에 세상만사 망각하고
수연방광(隨緣放光) 지내가되 빈배 같이 떠놀면서
유연중생(有緣衆生) 제도하면
보불은덕(報佛恩德) 이 아닌가.

일체계행(一切戒行) 지켜가면
천상인간 복수(福壽)하고
대원력을 발하여서 항수불학(恒隨佛學) 생각하고
동체대비(同體大悲) 마음먹어

빈병걸인 (貧病乞人) 괄시 말고
오온 색신(五溫色身) 생각하되
거품같이 관(觀)을 하고

바깥으로 역순 경계(逆順境界)
몽중(夢中)으로 관찰하여
해태심(懈怠心)을 내지 말고
허령(虛靈)한 이내 마음
허공과 같은 줄로 진실히 생각하여
팔풍오욕(八風五辱) 일체경계(一切境界)
부동(不動)한 이 마음을 태산같이 써나가세.

허튼소리 우스개로 이날 저날 헛보내고
늙는 줄을 망각하니 무슨 공부 하여 볼까
죽을 제 고통 중에 후회한들 무엇하리
사지백절(四肢百節) 오려내고 머릿골을 쪼개낸 듯
오장육부 타는 중에 앞길이 캄캄하니
한심참혹(寒心慘酷) 내 노릇이 이럴 줄을 누가 알꼬,
저 지옥과 저 축생(畜生)의 나의 신세 참혹하다.

백천만겁 차타(蹉跎)하여
다시 인신(人身) 망연(茫然)하다
참선 잘한 저 도인은 서서 죽고 앉아 죽고

앓도 않고 선세(蟬蛻)하며
오래 살고 곧 죽기를 마음대로 자재하며
항하사수 (恒河沙數) 신통묘용(神通妙用)
임의쾌락(任意快樂) 소요(逍遙)하니
아무쪼록 이 세상에 눈코를 쥐어뜯고
부지런히 하여보세.

오늘 내일 가는 것이 죽을 날에 당도하니
포주(抱廚)간에 가는 소가 자욱자욱 사지(死地)로세
예전 사람 참선할 제 잠깐을 아꼈거늘
나는 어이 방일(放逸)하며,
예전 사람 참선할 제 잠 오는 것 성화하여
송곳으로 찔렀거늘 나는 어이 방일하며,
예전 사람 참선할 제 하루 해가 가게 되면
다리 뻗고 울었거늘 나는 어이 방일한고.

무명업식(無明業識) 독한 술에
혼혼불각(昏昏不覺) 지내다니
오호라, 슬프도다 타일러도 아니 듣고
꾸짖어도 조심 않고 심상(尋常)히 지내가니
혼미한 이 마음을 어이하야 인도할꼬
쓸데없는 탐심 진심(貪心瞋心) 공연히 일으키고
쓸데없는 허다 분별(許多分別)

날마다 분요(紛擾)하니
우습도다 나의 지혜 누구를 한탄할꼬.

지각없는 저 나비가 불빛을 탐하여서
제 죽을 줄 모르도다
내 마음을 못 닦으면 여간 계행(如干戒行)
소분복덕(小分福德) 도무지 허사로세
오호라, 한심하다 이 글을 자세 보아
하루도 열두 때며 밤으로도 조금 자고
부지런히 공부하소.

이 노래를 깊이 믿어
책상위에 펴놓고 시시때때 경책(驚策)하소
할 말을 다 하려면
해묵서이 (海墨書而) 부진(不盡)이라
이만 적고 그치오니 부디부디 깊이 아소
다시 한 말 있사오니
돌장승이 아기 나면 그때에 말할테요.

　경허 스님이 어느 날 산속을 걸어가고 있었습니다. 추운 겨울이었고 전날 내린 눈이 무릎까지 쌓여 있었습니다. 눈을 헤치며 길을 가는데 발에 무언가가 걸리는 느낌을 받았습니다. 깜짝 놀라 눈을 파헤쳐 보니 한 여인이 얼어붙은 채 죽은 것처럼 아무 움직임도 없었습니다. 가슴에 귀를 대보니 아직 숨은 붙어 있었습니다. 급하게 그 여인을 업고 자신이 거주하고 있던 사찰로 뛰어갔습니다. 방에 눕히고 문을 닫았습니다. 조선 후기 무렵이라 사찰에 여인을 업고 들어오는 것을 누가 봐서는 안 되기 때문이었습니다. 당시 경허 스님은 그 사찰의 주지였고 조선에 너무나 잘 알려진 고승이었습니다. 방에 불을 지피고 자신의 체온으로 여인의 몸을 녹였습니다. 그렇게 일주일 동안 자신의 방에서 나가지 않고 여인을 돌보아 주었습니다.

경허 스님이 일주일이 넘도록 방에서 나오지 않자 사찰에서는 난리가 났습니다. 제자였던 만공 스님이 주위 사람들의 성화에 경허 스님의 방문을 열고 들어갈 수밖에 없었습니다. 방에 들어가 보니 경허 스님은 그 여인에게 팔베개를 해준 채 자고 있었습니다. 그 여인도 깊이 잠들어 있었습니다. 평소 스승의 고결한 모습만 보던 제자 만공 스님은 너무나 놀랐습니다. 그런데 더욱 놀라운 것은 방안에서 나는 엄청난 악취였습니다. 만공 스님은 두 남녀가 일주일 동안 나눈 정사로 인한 것인가 싶었는데 그런 냄새가 아니었습니다. 그 냄새의 정체는 무엇이었을까요?

그 여인은 문둥병 환자였습니다. 방안에 나는 악취의 원인은 그 여인의 섞어가는 살과 고름으로 인한 것이었습니다. 게다가 그 여인은 미친 여자였습니다. 그 여인은 어떻게 해서 미치게 된 것일까요? 문둥병에 걸린 그 여인을 그 누구도 돌보아 주지 않았고, 무시하고, 배척했습니다. 그 오랜 세월 그 여인은 어떠한 사랑도 받지 못했습니다. 미치지 않고서는 살아갈 수가 없는 상황이었습니다. 경허 스님은 미친 문둥병 여인을 살리기 위해 스스로 옷을 벗고, 그 여인의 옷도 벗긴 후 자신의 체온으로 그 여인을 안아주었습니다. 악취가 코를 찌르는 문둥병에 걸린 그 여인의 맨살에 자신의 맨살을 맞대서 얼어붙어 생명의 끝자락에 서 있던 여인을 구해주었습니다. 갈 곳이 없는 그 여인을 위해 일주일 동안 자신의 방에서 먹이고 재우고 돌보아 주었습니다. 자신의 이러한 행동이 어떠한 후폭풍을 몰고 올지 경허 스님이 몰랐을 리는 없을 것입니다.

이 사건은 경허 스님의 명성에 엄청난 영향을 미쳤습니다. 게다가 경허 스님에게 고칠 수 없는 피부병마저 생기게 되었습니다. 주지 자리를 내놓고 오래도록 머물던 그 사찰을 떠날 수밖에 없었습니다. 여인의 목숨을 살렸으나, 그 여인을 다른 스님들이 내쫓는 바람에 그 여인은 어디로 갔는지 알 수도 없었습니다. 이 사건 이후 경허 스님은 스스로 파계하고 환속합니다. 경허 스님이 조선 후기의 원효라 불리는 이유입니다.

이 사건이 어디까지가 진실이고 어디까지가 소문인지는 저도 잘 알지 못합니다. 아마 정확하게 알려지지 않은 것들도 많이 포함되어 있을 것입니다. 하지만 분명한 것은 경허 스님이 눈 속에 묻혀 있던 다 죽어가는 미친 문둥병 여인을 업고 와서 일주일이 넘도록 자신의 방에서 거주하게 하며 돌보아 준 것은 사실일 것입니다.

안타까운 것은 이 사건 이후 경허 스님은 정해진 곳 없이 전국을 떠돌아 다니다가 1912년 4월 25일 북한의 갑산 근처 마을에서 열반에 들게 됩니다. 조선 후기 우리나라 선종을 중흥시킨 대선사로서의 임종을 지켜본 사람은 스님의 말년을 함께 한 일반인 몇 명이었습니다.

경허 스님은 열반에 들기 전 자신에게 다가온 죽음을 알고 다음과 같은 임종게를 남겼습니다.

"마음달이 외로워 둥그니
빛이 만상을 삼켰도다.
빛과 경계를 함께 잊으니
다시 이것이 무엇인고."

저의 사랑의 깊이와 폭은 얼마나 되는 것일까요? 저 자신이 너무 부끄러워 고개를 들지 못하는 것은 무슨 이유 때문일까요?

<사랑하는 까닭>

한용운

내가 당신을 사랑하는 것은
까닭이 없는 것이 아닙니다.
다른 사람들은 나의 홍안만을 사랑하지마는,
당신은 나의 백발도 사랑하는 까닭입니다.

내가 당신을 사랑하는 것은
까닭이 없는 것이 아닙니다.
다른 사람들은 나의 미소만을 사랑하지마는,
당신은 나의 눈물도 사랑하는 까닭입니다.

내가 당신을 사랑하는 것은
까닭이 없는 것이 아닙니다.
다른 사람들은 나의 건강만을 사랑하지마는,
당신은 나의 죽음도 사랑하는 까닭입니다.

15. 신묘장구대다라니

나모 라다나-다라야야
Namo ratna-trayāya
(나모 라뜨나 뜨라야-야)
삼보께 귀의합니다

namaḥ   āryāvalokiteśvarāya   bodhisattvāya
mahāsattvāya mahākāruṇikāya,
(나마하 아-르야-왈로끼떼 쓰와라-야 보디쌑뜨와-야 마
하-쌑뜨와-야 마하- 까-루니까-야)
대자대비하신 관세음보살 마하살님께 귀의합니다

옴 살바-바예수 다라나-가라야 다사명
Oṁ sarva-bhayeṣu trāṇa-karāya tasmai
(옴 싸르와 브하예쑤 뜨라-나 까라-야 따쓰마이)
옴, 모든 공포에서 구제해 주시는 까닭에

나막 까리다바 이맘 알야바로기제새바라-다바
namas kṛtvā imam āryāvalokiteśvara-stavaṁ
(나마쓰 끄리뜨와- 이맘 아-르야-왈로끼떼쓰와라 쓰따왐)
어지신 관음보살님께 귀의하여 (이로 말미암아) 거룩하신
위신력이 펼쳐지도다

니라간타-나막 하리나야마 발다이사미
Nīlakaṇṭha-nāma hṛdayaṁ vartayiṣyāmi
(닐-라깐타 나-마 흐리다얌 와르따 이쓰야-미)
푸른 목을 가진 분의 본심으로 귀의하옵니다.

살발타-사다남 수반 아예염
sarvārtha-sādhanaṁ śubham ajeyaṁ
(싸르와-타 싸-드하남 슈브함 아제얌)
중생을 구제하는 경지에 도달하여 최상의 길상을 얻어

살바-보다남 바바-마라-미수다감
sarva-bhūtānāṁ bhava-mārga-viśodhakam
(싸르와 브후-따-남- 브하와 마-르가 위쑈드하깜)
이 세상에 태어난 모든 것들을 삶의 길에서 깨끗하게 하
시니

다냐타 옴 아로계, 아로가 마지로가 지가란제 헤-헤 하례

tadyathā oṁ āloke, ālokamati lokātikrānte hy-ehi
Hare
(따드야타-, 옴 알-로께 알-로까마띠 로까-띠끄란-떼 에
헤히 하레)
이와같이 옴, 통찰자이자 지혜의 존재이시자 초월자이시
여, 아, 님이시여

마하모지사다바 사마라-사마라 하리나야
mahābodhisattva smara-smara hṛdayam
(마하- 보디히 쌀뜨와 쓰마라 쓰마라 흐리다얌)
마하살이시여 마음의 진언을 기억하소서 기억하소서

구로-구로 갈마 사다야-사다야
kuru-kuru karma sādhaya-sādhaya
(꾸루 꾸루 까르마 싸-드하야 싸-드하야)
행하고 또 행하소서, 이루게 하시고 이루게 하소서

도로-도로 미연제 마하미연제 다라-다라
dhuru-dhuru vijayante mahāvijayante dhara-dhara
(드후루 드후루 위자얀떼 마하-위자얀떼 드하라 드하라)
보호해 주소서, 보호해 주소서, 승리자여 위대한 승리자
여, 수호하소서, 수호하소서,

다린나례 새바라 자라-자라
dharaṇiṁ dhareśvara cala-cala
(드하라님 드하레 쓰와라 짤라 짤라)
대지의 왕 자재존이시여 발동하소서

마라 미마라아마라-몰제 예혜-혜
malla vimalāmala-mūrtte ehy-ehi
(말라 위말라-말라 무-릍떼 에혜히)
모든 마라를 지워버리신 해탈자여, 어서 오소서

로계새바라
Lokeśvara
(로께쓰와라)
세상의 자재자여

라아-미사 미나사야
rāga-viṣaṁ vināśaya
(라-가 위쌈 위나-쌰야)
탐욕의 독심을 잠재우소서

나베사-미사 미나사야
dveṣa-viṣaṁ vināśaya
(드웨싸 위싸 위나-쌰야)

진심의 독심을 잠재우소서

모하-자라-미사 미나사야
moha-jāla-viṣaṁ vināśaya
(모하 잘-라 위싸 위나쌰야)
치심의 독심을 잠재우소서

호로호로 마라 호로 하례 바나마나바
huluhulu malla hulu Hare Padmanābha
(훌루훌루 말라 훌루 하례 빠드마 나-브하)
공포와 번뇌(마라)를 제하소서, 연꽃을 지닌 분이여

사라사라 시리시리 소로-소로 못쟈-못쟈 모다야-모다야
sarasara   sirisiri   suru-suru   buddhyā-buddhyā
bodhaya-bodhaya
(싸라싸라, 씨리씨리, 쑤루쑤루, 붇다-야 붇다-야, 보드하
야 보드하야)
제도하소서, 나아가게 하소서, 보리도를 깨닫게 하소서

매다리야 니라간타 가마사 날사남 바라하라 나야 마낙
사바하
maitriya Nīlakaṇṭha kāmasya darśanaṁ prahlādaya
manaḥ svāhā

(마이뜨리야 닐-라깐타, 까-마쓰야 다르쌰남 쁘라흐-라다
야 마-나 쓰와-하-)
자비로우신 청경성존이시여, 욕망을 부수도록 힘을 주소
서 사바하

싯다야 사바하
siddhāya svāhā
(싣드하-야 쓰와-하-)
성취하신 분이여, 사바하

마하싯다야 사바하,
mahāsiddhāya svāhā
(마하- 싣드하-야 쓰와-하-)
크게 성취하신 분이여 사바하,

싯다유예 새바라야 사바하
siddhayogeśvarāya svāhā
(싣드하-요게 쓰와라-야 쓰와-하-)
요가성존, 사바하

니라간타야 사바하
Nīlakaṇṭhāya svāhā
(닐-라깐타-야 쓰와-하-)

청경성존이시여, 사바하

바라하목카-싱하목카야 사바하
varāhamukha-siṁhamukhāya svāhā
(와라-하무카 씽하무카-야 쓰와-하-)
돼지의 모습과 사자의 모습이여, 사바하

바나마-하따야 사바하
padma-hastāya svāhā
(빠드마 하스타-야 쓰와-하-)
연꽃을 지닌 분이여, 사바하

자가라 욕다야 사바하
cakrāyudhāya svāhā
(짜끄라- 윤드하-야 쓰와-하-)
법륜을 지닌 분이여, 사바하

상카-섭나-네모다나야 사바하
śaṅkha-śabda-nibodhanāya svāhā
(샹카 샵다 니보드하나-야 야 쓰와-하-)
법라의 소리로 깨닫게 하시는 분이여, 사바하

마하라구타다라야 사바하

mahālakuṭadharāya svāhā
(마하- 라꾸따 드하라-야 쓰와-하-)
큰 곤봉을 지닌 분이시여, 사바하

바마-사간타-이사-시체다-가릿나 이나야 사바하
vāma-skanda-deśa-sthita-kṛṣṇājināya svāhā
(와-마 스깐다 데쌰 스티따 끄리스나- 지나-야 쓰와-하)
왼쪽 어깨에 검은 사슴가죽을 걸친 분이여, 사바하

먀가라-잘마-니바사나야 사바하
vyāghra-carma-nivasanāya svāhā
(브야-그라 짜르마 니와사나-야 쓰와-하-)
호랑이가죽 옷을 두른 분이여, 사바하

나모 라다나-다라야야 나막 알야바로기제새바라야 사바
하
namo ratna-trayāya namaḥ āryāvalokiteśvarāya
svāhā
(나모 라뜨나 뜨라야-야 나마하 아-르야-왈로끼떼쓰와-
라 쓰와-하-)
삼보께 귀의합니다. 관세음보살께 귀의합니다. 사바하.

나모 라다나-다라야야 나막 알야바로기제새바라야 사바

하
namo   ratna-trayāya   namaḥ   āryāvalokiteśvarāya
svāhā
(나모 라뜨나 뜨라야-야 나마하 아-르야-왈로끼떼쓰와-
라 쓰와-하-)
삼보께 귀의합니다. 관세음보살께 귀의합니다. 사바하.

나모 라다나-다라야야 나막 알야바로기제새바라야 사바
하
namo   ratna-trayāya   namaḥ   āryāvalokiteśvarāya
svāhā
(나모 라뜨나 뜨라야-야 나마하 아-르야-왈로끼떼쓰와-
라 쓰와-하-)
삼보께 귀의합니다. 관세음보살께 귀의합니다. 사바하.

[범어본에만 있는 것]

(옴 씨드흐얀뚜 만뜨라 빠다야 쓰와하)
이 모든 신묘한 주문이 원만히 이루어지게 하소서! 이루
어 주시옵소서!

모든 것은 나고 사라지기 마련입니다. 이 세상에 온 것은 그 어떤 존재이건 언젠가는 떠나가기 마련입니다. 하루만 살다 가는 하루살이도 있고, 수십 년을 살아가는 동물도 있습니다. 수백 년을 살아가는 나무 같은 존재도 언젠간 가지가 부러지고 뿌리도 다해 이 세상과 작별을 해야 합니다.

생명체뿐만 아니라 무생물도 마찬가지입니다. 단단한 쇳덩어리도 비에 젖어 부식되어 녹이 슬고 그 붉은 녹은 점점 많아져 산산이 부서져 버립니다. 단단한 돌멩이도 마찬가지입니다. 물에 쓸리고 바람에 의해 점점 작아지다가 그 흔적조차 사라져 버리고 맙니다.

밤하늘에 빛나는 별들도 언젠가는 그 생명을 다합니다. 우주 공간에 수천억 개의 별들이 존재하지만, 영원히 그 자리에서 빛나는 별은 단 하나도 없습니다. 비록 그 수명이 상당히 길긴 하지만 별이란 존재도 예외 없이 언젠가는 우주 공간에서 삶을 마감하고 사라지게 됩니다.

우리가 살고 있는 이 세상 이후에 어떤 것이 있는지는 모르나, 만약 있다고 하더라도 그 세상에서의 나는 지금과 같은 나의 모습은 아닐 것입니다. 모든 존재는 없음에서 와서 없음으로 갈 수밖에 없습니다. 나는 잠시 이 세상에 존재할 뿐 영원히 이곳에 머무를 수가 없을 것입니다. 내가 사랑하는 모든 것 또한 마찬가지일 것입니다. 그러기에 오늘 후회 없이 사랑해야 하는 것이 아닐까 싶습니다. 나에게나 혹 내가 사랑하는 사람에게 내일이 존재하지 않을지도 모르기 때문입니다.

죽음에 대해 과연 질문을 해야 할 필요가 있을까요? 저는 더 이상 죽음에 대해 관심을 갖거나 알려고 하지 않을 생각입니다. 그냥 받아들이는 것으로 충분하다는 생각이 들기 때문입니다. 그것을 안다고 해서 죽음이 나를 피해 가지는 않을 것이라는 생각이 듭니다.

인류는 역사적으로 죽음에 대해 많은 이론을 만들어 냈습니다. 철학이나 종교에서 많은 사람들이 죽음에 대해 논의했지만, 그 사람들도 예외 없이 모두 이 세상을 떠났습니다. 인간의 이성으로는 죽음에 대해 알 수 있을 것 같지는 않습니다. 죽음을 경험하는 순간 그는 이미 이 세상 사람도 아니기에 영원히 우리는 죽음을 알 수가 없을 것입니다.

단지 나에게 필요한 것은 죽음이란 예외가 없기에 그것을 인식함으로 삶을 겸손하게 사는 것으로 충분하다는 생각이 듭니다. 죽음을 많이 안다고 해서 내가 죽음으로부터 멀어지거나 나의 사랑하는 사람이 죽음에서 면해지지는 않을 것입니다. 그냥 그들을 더 많이 사랑하는 것이 내가 할 수 있는 전부가 아닐까 합니다.

"젊은이도, 늙은이도, 어리석은 사람도, 지혜로운 사람도 모두 죽음에 굴복하고 만다. 모든 사람은 반드시 죽음에 이르게 된다. (숫타니파타)"

"범사에 기한이 있고 천하만사가 다 때가 있나니 날 때가 있고 죽을 때가 있으며 심을 때가 있고 심은 것을 뽑을 때가 있으며 울 때가 있고 웃을 때가 있으며 슬퍼할 때가 있고 춤출 때가 있으며 …… 사랑할 때가 있고 미워할 때가 있으며 전쟁할 때가 있고 평화로울 때가 있느니라. 일하는 자가 그의 수고로 말미암아 무슨 이익이 있으랴 (전도서 3:1~9)"

이 세상에 존재함으로써 누군가를 만나고 그를 사랑한 것으로 삶은 충분한 가치가 있는 것이 아닐까 싶습니다. 그 어떤 것도 영원히 존재하지 않기에, 무언가를 영원히 갈구하는 것은 헛된 욕심이라는 생각이 듭니다. 충분히 사랑했다면 아쉬움이 그리 크지는 않을 것입니다. 할 수 있는 것을 다했다면 그것으로 족함을 아는 것 또한 지혜라는 생각이 듭니다. 충분히 사랑하지 못했고, 할 수 있는 것을 다하지 못했다면, 오늘 그것을 하면 될 것입니다. 내일을 생각하지 말고 오늘 할 수 있는 것을 하는 것이 가장 현명하다는 생각이 듭니다.

우리의 삶 속에는 죽음이 함께 있는 것이 아닐까 싶습니다. 죽음이란 멀리 있는 것이 아니며 삶과 함께 존재하는 것 같습니다. 그러한 죽음을 누구나 경험할 수밖에 없기에 이를 부정하는 것은 부질없는 것 같습니다. 받아들일 수밖에 없으니 마음을 열고 있는 그대로 받아들여야 함이 운명이라는 생각이 듭니다.

"生死路隱 此矣 有阿米 次肸伊遣
吾隱去內如辭叱都 毛如云遣去內尼叱古
於內秋察早隱風未 此矣彼矣浮良落尸葉如
一等隱枝良出古 去如隱處毛冬乎丁
阿也 彌陀刹良逢乎吾 道修良待是古如

죽고 사는 길 예 있으매 저히고
나는 간다 말도 못 다하고 가는가
어느 가을 이른 바람에 이에 저에
떨어질 잎다이 한 가지에 나고 가는 곳 모르누나
아으 미타찰(彌陀刹)에서 만날 내 도 닦아 기다리리다.
(제망매가, 월명사)"

사랑하는 누이가 죽었을 때 월명사는 가슴이 찢어지도
록 아팠을 것입니다. 하지만 그는 이를 받아들일 수밖에
없음을 알았던 것 같습니다.

생사를 넘어선다는 것은 모든 것을 받아들이는 것이
아닐까 싶습니다. 사랑도, 미움도, 삶도, 죽음도, 만남도,
헤어짐도, 그 모든 것은 나에게서 와서 나에게서 가고,
나 또한 모든 것에게 와서 모든 것에서 가는 것이 아닐
까 싶습니다. 생사를 넘어서는 자유가 어쩌면 짧지만 이
생에서 미련 없이 살아가는 진정한 대자유인이 될 수 있
는 길이 아닐까 싶습니다. 모든 것을 담담히 받아들일 수

있는 마음, 그것이 나의 최선이라는 생각이 듭니다.

16. 이입사행(二入四行)

이입사행은 선이 교학을 부정하지 않는다는 것을 보여주는 달마의 수행체계이다. 이것은 진리에 들어가는 두 가지 길과 네 가지 수행을 뜻한다.

먼저 두 가지 길이란 이치를 통해 불법의 대의를 깨치는 이입(理入)과 수행에 의지해서 진리에 들어가는 행입(行入)을 가리킨다.

달마에 의하면 이입은 경전을 통해 모든 중생이 부처와 똑같은 성품을 지니고 있음을 굳게 믿는 것이다. 다만 번뇌, 망상이라는 것이 붓다의 성품을 가리고 있으므로 수행을 통해 이를 걷어내야 한다. 그러면 나와 너, 범부와 성인이 모두 하나라는 것을 깨칠 수 있다는 것이다. 이러한 깨침은 자교오종(藉敎悟宗), 즉 교학에 의지해서 가능하다는 것이다.

하지만 이입만으로 깨침에 이를 수는 없다. 여기에는 반드시 수행이 뒷받침되어야 한다. 그것이 진리에 들어가는 두 번째 길인 행입이다.

달마는 네 가지 수행을 제시하고 있는데, 첫 번째가 보원행(報怨行)이다. 이는 상대에 대한 원망이나 증오의 마음을 내려놓는 수행이다. 누군가 자신을 힘들게 하면 대개 미워하고 원망하는 마음을 갖게 되는데, 그러한 마음을 텅 비우는 것이다. 지금의 좋지 않은 상황과 과거 자신이 행한 업보라고 생각해서 미움의 감정을 다스려야 한다는 것이다. 이는 수행자의 큰 적인 미움과 원망을 지혜롭게 대치하는 공부라고 할 수 있다.

두 번째는 수연행(隨緣行), 즉 인연 따라 살아가는 것이다. 존재하는 모든 것은 인연에 의해서 일어나고 인연이 다하면 소멸하는 과정에 있다. 그렇기 때문에 이러한 존재의 실상을 잘 살펴서 순간순간의 상황에 일희일비하지 말고 있는 그대로 받아들이라는 것이다. 무더운 여름과의 인연이 끝나야 아름다운 가을 단풍과 만날 수 있고, 가을과 이별해야 눈 내리는 하얀 겨울과 만날 수 있는 것이다. 수연행은 상황에 먹히지 않고 자신의 마음을 지혜롭게 다스리는 수행이다.

세 번째는 무소구행(無所求行), 즉 구하는 바 없이 실천하라는 것이다. 이것은 곧 어떤 것에도 집착하지 말라는 뜻이다. 존재하는 모든 것은 공하며, 인연 따라 생멸하는 과정에 있기 때문이다. 무소구행은 이러한 이치를 살펴서 세속적인 욕망과 자신에 대한 집착을 다스리는 수행이다.

네 번째는 칭법행(稱法行)으로 모든 것을 진리에 맞게

행동하는 것이다. 이것은 나와 너, 중생과 부처가 본래 하나임을 밝게 깨쳐서 다른 사람을 이롭게 하는 이타행을 실천하는 일이다. 여기에도 모든 것은 관계 속에서 존재한다는 연기의 진리가 작동하고 있다.

17. 육바라밀

　육바라밀이란 보살이 부처님이 될 수 있는 여섯 가지 실천 덕목으로 불교의 핵심인 지혜와 자비를 골고루 갖추고 있다. 이 여섯 가지의 바라밀은 생사윤회의 바다를 건너 깨달음의 세계로 가기 위한 뗏목과 같다.

　모든 중생들은 부처님이 될 수 있는 불성, 즉 본래 청정한 마음을 지니고 있기에 이 육바라밀에 의지해서 정진하면 누구나 다 보살이 될 수 있다.

　육바라밀의 여섯 가지란 보시, 지계, 인욕, 정진, 선정, 지혜를 말하고 바라밀이란 산스크리트어의 파라미타를 소리로 옮긴 말로 '완성'이라는 뜻과 '피안에 이르게 한다'라는 뜻을 가지고 있다. 그러므로 보시 바라밀이란 보시의 완성 또는 보시를 통해 깨달음에 이르게 된다는 의미이다.

　보시 바라밀은 자기 소유물을 필요한 다른 사람에게 베풀어 주는 것을 말한다. 옛날 인도 사람은 많은 사람에게 무엇이든지 베풀어 주면 그 공덕으로 자신에게 좋은 과보가 돌아온다고 믿었다. 그래서 가난한 사람과 수행자 등을 만나면 자신의 복을 짓게 해준다고 믿고 기쁜 마음으로 베풀어 주었다. 그런 까닭에 도움을 받는 사람을 복전 또는 복밭이라고 했다.

불교에서는 다른 사람에게 베푸는 것을 보시라고 한다. 부처님은 깨달음에 이르신 후 고통의 바다에서 허우적거리고 있는 중생들을 구제하기 위해 이 땅에 머무르셨다. 부처님께서 보이신 연민과 사랑을 본받아 다른 사람들에게 연민과 사랑의 마음인 자비를 실천하는 것이 보시이다.

보시에는 재물을 베풀어 주는 재시, 두려움을 없애 주는 무외시, 부처님의 가르침을 전해주는 법시가 있다. 자기 것을 다른 사람에게 주는 것은 쉽지 않다. 소유에 대한 강한 집착과 욕심으로부터 벗어나기가 어렵기 때문이다. 보시는 자신의 것을 남에게 기쁜 마음으로 주는 것이다. 보시는 우리의 집착과 그로 인해 생긴 모든 번뇌를 없애 주는 길이기도 하다. 탐욕을 버리는 가장 좋은 길은 첫째는 지혜의 눈을 뜨는 것이고, 둘째는 행동으로 나의 것을 남에게 베푸는 마음이다.

보시를 행할 때에는 주는 이와 받는 이가 따로 있다는 생각을 하면 안 된다. 물질의 소유에 따라 사람의 가치가 달라지는 것은 아니다. 모든 사람은 불성을 지닌 평등한 존재이다. 부처님은 보시할 때 어떠한 보답을 바라서는 안 되며 자신이 보시한다는 생각조차 하지 않아야 된다고 했다.

지계 바라밀은 계율을 잘 지키는 것을 말한다. 알게 모르게 행하는 우리의 행동은 결국 다시 본인에게로 되돌아온다. 그러므로 하나의 행위를 하더라도 조심하지 않으면 나중에 가서 후회하게 된다.

동기나 과정이 어찌 되었든 결과만 좋으면 되지 않겠느냐고 주장하는 사람이 있을지 모르나 원인 없는 결과가 있을 수 없듯, 악한 행위에 좋은 결과가 있을 수 없다.

오늘의 행동은 내일의 모습을 결정한다. 부처님은 우리가 행한 모든 행동은 우리 자신에게로 돌아온다고 했다. 우리가 별거 아니라고 가볍게 생각하면서 저지른 악행이 결국 재앙의 원인이 되기도 한다.

자신의 행위에 대해 스스로 책임을 져야 한다. 잠시라도 한눈을 팔게 되면, 자신도 모르는 사이에 악행에 물든 자신의 모습을 발견하게 될 것이다. 좋은 행위는 쉽게 몸에 배지 않지만, 나쁜 행위는 그렇지 못하다. 항상 자신의 마음과 말과 행동을 관찰하고 자신을 다스리는 데 게을러서는 안 된다.

인욕 바라밀은 괴로움을 받아들여 참는 것이다. 불교는 수행의 종교이다. 수행을 한다는 것은 모든 것을 참아가며 참사람이 되는 것이기도 하다. 참는다는 것은 탐내는 마음과 성내는 마음을 자제하는 것이다. 탐내는 마음을 참기 위해서는 자신의 마음을 잘 이해하고 지켜보는 것이 필요하고, 성내는 마음을 잘 참기 위해서는 자신을 화나게 하는 사물이나 조건 또는 상대방을 잘 이해하는 것이 필요하다.

나로 하여금 분한 마음이 솟아오르게 하는 상대방이 있을 때에는, 그가 왜 그런 행동을 하는지를 이해하거나, 혹은 그가 잘못된 지식으로 인해 그와 같이 행동한다는 것을 알게 되면, 상대방을 이해하는 마음이 생기고 저절로 참을성이 생겨나기도 한다.

정진 바라밀은 부지런히 노력하여 방일하지 않는 것을 말한다. 부처님의 가르침에 따라 바르게 실천하는 삶을 살려고 해도 과거의 탐욕에 길들여진 버릇을 하루아침에 털어버리기란 참으로 어려운 일이다. 몸과 말과 마음의 수행이 어느 정도 되는가 싶다가도 금방 그것을 흔들고 허물어 버리는 삼독심이 생기곤 한다. 따라서 보다 굳건한 마음으로 생활하면서 과거의 습관을 바꾸려는 노력이 필요하다.

깨달음을 이루어 다시는 어제의 생활로 돌아가지 않겠다는 커다란 서원을 세우고 그 길을 용감하게 가는 일이 중요하다. 반복하여 잘못을 저지르더라도 그보다 더 끈질기게 다시 떨치고 일어나는 정진심을 잊지 말아야 한다.

무엇보다 행위의 결과를 미리 예측해 보는 지혜가 있

어야 한다. 결과에 어떤 과보를 받을지를 안다면 정진에 많은 장애를 극복하게 된다. 더욱 열심히 깨달음의 길을 향해 정진해야 어제와 다른 내일을 갖게 된다.

선정 바라밀에서 선정은 잡념이 제거되어 산란한 마음이 사라지고 한곳에 집중되어 고요하고 평화로운 상태를 말한다. 중생의 마음은 본래 부처의 마음과 같이 청정한 것이나 탐욕과 혐오 그리고 어리석음으로 인한 번뇌에 의해 그 참된 성품이 가려져 있고 그 청정한 마음은 말과 글로 표현하는 데는 한계가 있어 경전과 같은 간접적 수단을 통해서는 결코 알 수가 없다.

따라서 참선 수행을 통하여 그 본래의 마음을 직접 살펴 번뇌를 제거하여 청정한 마음이 드러나게 하는 것이다. 그러므로 참선은 명상과는 본질적으로 다른 것이다. 참선과 달리 명상은 오직 자신의 몸의 건강함과 마음의 자유만을 추구하고 철저한 자기 자신에 대한 내부적 반성과 성찰은 무시하는 경향이 있기 때문이다.

원인과 결과의 법칙에 의지하여 자신을 보지 않기에 현재의 자신이 어떻게 존재하게 되었는가 하는 원인은 무시하고 현재의 자신이 보다 자유로워지는 것에만 초점을 맞춘다. 나아가 어떤 사람이 명상을 통해 마음의 자유를 얻어 성자가 되었다고 해도 자신이 깨달은 자유에 대한 집착만은 버리지 못하는 경우가 있다.

참선 수행 방법 중에서 가장 일반적인 것이 좌선이다.

좌선이란 몸을 깨끗이 하고 조용한 곳에 앉아서 보는 것, 냄새 맡는 것, 듣는 것, 맛보는 것, 신체의 접촉, 마음의 잡념 등 외부로부터 들어오는 모든 것에서 본래의 마음을 지키는 것이다.

이러한 좌선을 통해 최종적으로 삼매의 경지에 들어가는데 삼매란 말로는 정확하게 그 뜻을 서술할 수 없고 다음과 같은 추상적인 표현으로만 짐작해 볼 수 있다.

첫째는 조금도 차별 없이 마음을 평등하게 만든다. 둘째는 마음을 하나의 본래 자리에 머물게 한다. 셋째는 있는 그대로 받아들인다. 넷째는 마음이 조화롭다. 다섯째는 마음의 자세나 생각이 항시 바른 곳에 머문다. 여섯째는 매사에 구분 짓고 옳고 그름을 따지는 마음을 쉬게 하고 우리의 본래 청정한 그 마음에 집중한다.

반야 바라밀에서 반야라는 말은 불교 신도가 아니라도 한 번쯤은 들어 본 적이 있다. 부처님께 예불을 드릴 때 항상 봉송하는 반야심경의 반야를 말하는데, 이 말은 산스크리트어 프라즈나를 소리로 옮긴 것으로 흔히 지혜라고 번역하나 세상을 사는 데 필요한 분별의 지혜를 분별이 없는 깨달음의 지혜를 말한다.

반야심경은 이 깨달음의 지혜, 즉 반야 바라밀에 관한 내용으로 그 핵심은 깨달은 자의 입장에서 보면 모든 것들은 그 어떤 차별도 없다는 것이다.

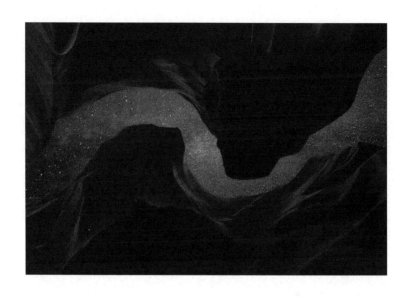

18. 피안으로 가는 길

바라밀이란 범어인 '파라미타(paramita)'를 소리 나는 대로 옮긴 것이다. 때로는 정확하게 옮긴다고 해서 바라밀다라고 부르기도 한다. 바라밀은 대개 두 가지 의미로 해석된다. 하나는 완성이고 다른 하나는 도피안(到彼岸), 즉 피안에 이른다는 뜻이다.

그런데 수행의 완성이 곧 피안에 이르는 것이므로 의미의 차이가 큰 것은 아니다. 우리가 사는 차안은 탐진치 삼독으로 살아가기 때문에 온갖 괴로움이 가득한 곳이다. 바라밀이란 바로 번뇌의 차안에서 괴로움이 소멸되고 행복이 가득한 피안으로 건너가는 것을 의미한다. 수행이 완성되면 불교의 이상향, 열반의 세계로 갈 수 있다는 것이다.

어떻게 해야 피안으로 갈 수 있는 것일까? 그것은 반야(般若), 즉 지혜라는 이름의 선장이 이끄는 배를 타야 한다. 사찰에 가면 법당 벽면에 반야용선(般若龍船) 그림을 볼 수 있는데, 이 배가 바로 우리를 열반의 언덕으로 데려다주는 지혜의 용선이다. 이 배는 지혜의 선장을 중

심으로 보시와 지계, 인욕, 정진, 선정이라는 보좌진이
힘을 합쳐 운행하고 있다.

그런데 바라밀은 완성이기도 하지만, 이곳에서 저 언덕
에 이르기 위한 수행의 의미를 지니고 있다. 수많은 실천
가운데 앞서 언급한 것을 나누고 계율을 지키며, 욕됨을
참고 열심히 정진하며, 선정과 지혜를 닦는 여섯 가지를
6바라밀이라고 한다. 이는 대승불교를 대표하는 실천체계
로서 근본 불교의 삼학이나 팔정도와 같은 위상을 지니
고 있다.

육바라밀은 삼학이나 팔정도를 대승 불교 입장에서 계
승 또는 재해석한 것이기 때문에 그 정신은 근본 불교의
수행과 다르지 않다.

육바라밀 외에도 화엄에서는 방편(方便)과 원(願), 역
(力), 지(智), 네 가지를 더한 10바라밀을 강조하기도 한
다. 이는 보살이 지혜를 얻고 일체의 중생을 구제하기 위
하여 필요한 수행이다.

먼저 방편은 중생들의 근기를 고려하여 다양한 방법과
수단을 간구하는 것이며, 원은 열심히 정진하여 모든 중
생들을 구제하겠다는 간절한 바람이다. 이러한 서원을 완
수하기 위하여 강력한 수행 에너지가 필요한데, 그것이
곧 역바라밀이다.

마지막은 지바라밀이다. 여섯 번째 반야바라밀이 무분
별지(無分別智), 즉 모든 분별이 끊어진 바라밀이라면, 열

번째 지바라밀은 무분별지를 생활 속에서 살려내는 지혜라고 할 수 있다. 산과 물의 분별이 모두 소멸된 지혜가 지바라밀이라면, 산과 물의 분별이 현실에서 살려지는 지혜가 지바라밀이다. '산은 산이요, 물은 물이다.'라는 말은 이를 의미한다.

산과 물은 연기적으로 '하나'이기 때문에 분별할 수 없지만, 등산을 하려면 산으로 가고 수영을 하려면 바다로 가야 하는 것처럼 말이다. 그래서 이를 '무분별의 분별'이라고 부르기도 한다.

육바라밀은 지혜가 수행의 기본 바탕을 이루고 있다. 그렇기 때문에 지혜가 숙성되어야 보시와 인욕 등의 수행이 잘 실천될 수 있다. 반대로 나머지 바라밀을 잘 실천하면 그에 따라 지혜 역시 더욱 깊어지게 된다.

19. 연기법

연기란 모든 것은 원인과 조건이 있어서 생겨나고 원인과 조건이 없어지면 소멸한다는 것이다.

이것이 있으므로 저것이 있고
이것이 생기므로 저것이 생긴다
이것이 없으면 저것도 없고
이것이 사라지면 저것도 사라진다.
　　　　　　　　(잡아함경)

모든 것은 홀로 존재하지 않고 상호관계 속에서 존재한다는 진리이다. 존재의 상황이 어떻게 바뀌더라도 이것과 저것의 의존관계와 상관관계에서 벗어날 수 없다는 것이다. 여기에서 '이것이 있으므로 저것이 있고'와 '이것이 생기므로 저것이 생긴다'라는 말로 존재의 발생을 설명한다.
또한 '이것이 없으면 저것도 없고'와 '이것이 사라지면 저것도 사라진다'로 존재의 소멸을 설명하고 있다. 모든 존재는 그것을 형성시키는 원인과 조건에 의해서만이, 그리고 상호관계에 의해서만이 생성되기도 하고 소멸되기도 한다.

연기법이란 존재의 '생성과 소멸의 관계성'을 뜻한다. 생성과 소멸의 과정에서 항상 서로 의지하여 관계를 맺고 있다 하여 연기법을 '상의성의 법칙'이라 말하기도 한다. 모든 존재는 그 존재를 성립시키는 여러 가지 원인이나 조건에 의해서 생겨나게 된다. 서로는 서로에게 원인이 되기도 하고 조건이 되기도 하면서 함께 존재하게 되는 것이다. 즉 모든 존재는 전적으로 상대적이고 상호의존적이다.

상호의존성이란 무엇일까? 예를 들어 지금 여기에 '나'라는 존재가 있다. 부모로부터 몸을 받고 태어나 부모와 가족에 의존하여 성장하였다. 또한 교육과 사회환경의 영향을 받으면서 '나'라는 존재가 형성되었다. 살아있는 동안 눈, 귀, 코, 혀, 몸, 뜻의 여섯 가지 감각기관을 통해서 끊임없이 빛, 소리, 냄새, 맛, 촉감, 법과 같은 외부의 정보를 받아들여 분별한다.

이와 같이 여섯 가지 감각기관을 통하여 인식된 것들은 크게 좋은 것과 싫은 것이라는 관념으로 분별하여 '나'라는 존재를 형성한다. 이처럼 우리가 보통 생각하는 '나'라는 존재는 시간적으로 가계의 연장선상에 있으며, 공간적으로 주위 환경과 연관되어 있다. 여섯 감각기관을 통하여 형성된 주관과 이에 상응하는 정보들로 형성된 객관과의 상호작용이 또한 '나'를 형성한다. 이런 상호작용을 통해서 생겨난 상대적 개념이 '나'를 부자 혹은 가난한 사람, 지위가 높은 사람 혹은 비천한 사람, 선량한 사람 혹은 악독한 사람 등 자화상을 만들어 낸다. '나'는 이처럼 시간적으로, 공간적으로, 주관과 객관으로, 그리고 상대적 개념의 상호연관과 상호의존 속에서 연기된 존재이다.

부처님은 인간존재를 포함한 모든 연기된 존재를 주로 5온이라는 용어로 표현하였고 경우에 따라서 12처 혹은 18계라 설하기도 했다. 연기된 모든 존재현상을 나타낸다 하여 일체법이라 하기도 하고, 3가지 과목으로 분류한다 하여 5온 12처 18계를 3과라고 부르기도 한다.

20. 일체법

일체법이란 모든 존재현상을 말한다. '나'는 다양한 연기적 관계 속에서만 존재한다. 이 연기적 관계를 떠난 나는 존재하지 않는다는 것을 보이기 위해 부처님은 일체법을 설한 것이다.

인간의 고는 일체법과 '나'라는 존재의 연기성을 체득하지 못한 데서 출발한다. 모든 존재 현상은 '나'라는 존재와 밀접한 관계를 가지고 있기 때문에 그것을 이해함으로써 인간의 문제를 근원적으로 풀 수 있다. 우리는 일체법의 참된 모습을 확실하게 이해하지 못하기 때문에 그것에 집착하고, 집착함으로써 그것이 변하거나 사라질 때 괴로워하게 되는 것이다.

불교 경전은 모든 존재 현상의 연기성을 여러 방법으로 말하고 있다. 대상은 같다고 하더라도 상황에 따라 다른 설명이 필요하기 때문이다.

일체법의 분류 방법 가운데 초기경전에 가장 일반적이고 구체적으로 언급하는 것은 5온, 12처, 18계이다. 정신적인 면에 초점을 맞추어 설명하는 것은 5온이며, 물질적인 면에 초점을 맞춘 것은 12처이다. 또한 정신과 물질 두 가지에 초점을 맞춘 것은 18계이다.

5온의 온(蘊)은 '모임' 또는 '다발'이라는 뜻이다. 5온이란 물질현상을 나타내는 색과 정신 현상을 표현하는 수, 상, 행, 식을 말한다. 좁은 의미로는 인간존재를 가리키며, 넓은 의미로는 일체 존재를 뜻한다.

일체법의 뜻으로 쓰일 때에는 색은 물질 전체를 그리고 수, 상, 행, 식은 정신 일반을 뜻한다. 인간 존재를 의미할 때 색은 지, 수, 화, 풍으로 이루어진 육체를 의미하며, 수, 상, 행, 식은 정신 현상을 나타낸다.

인간 존재만을 특별히 구분해서 말할 때는 5온이라는 말 대신에 5취온이라는 표현을 사용하기도 한다. 5온이라는 말 대신에 5취온이라는 표현을 사용하기도 한다. 5온으로 이루어져 연기하는 '나'라는 존재를 고정불변의 자아로 착각하여 취착한다는 의미이다.

색이 눈, 귀, 코 등의 인식기관을 형성하는 것이라면 수는 육체가 감각적으로 받는 유쾌, 불쾌의 느낌과 정신이 지각적으로 느끼는 괴로움과 즐거움 등의 감수작용이다. 상은 앞의 감수작용에 의해서 받는 느낌을 이미 축적된 개념과 연관지어 개념화한다. 지위고하, 빈부격차, 아름다움과 추함 등 인간사회의 상대적 개념을 형성하는 데 주된 역할을 하는 정신작용이다.

행은 위의 두 가지 감수작용과 개념작용 그리고 인식

작용을 제외한 일체의 의지적 마음작용을 말한다. 식은 나누어서 아는 것, 분별, 판단, 인식의 작용을 말한다. 위의 정신작용들의 기저에서 인간의 역동적인 인식활동을 할 수 있는 근거를 제공한다.

이처럼 5온이 인간존재를 가리키든 일체의 만물을 지칭하든 5가지의 유형의 현상들이 모여 존재를 이루며, 이는 실체가 없고 항상 변하면서 연기하고 있다는 것을 보여주는 가르침이다. 5온설은 이처럼 물질 영역은 색 하나로 간단히 언급하고 정신영역은 4가지 유형의 의식현상을 구체적으로 설명한다. 이러한 5온설은 물질은 끊임없이 변하고 있다는 것은 쉽게 이해하지만, 정신은 실체적인 것으로 영원불멸한다고 믿는 사람에게 설한 것이다. 즉 이들에게 정신 또한 실체가 없으며 연기된 것임을 일깨워주는 것이다.

12처란 6가지 감각기관과 6가지 감각대상을 합친 것을 말하는데, 12입 또는 12입처라고 부르기도 한다. 안, 이, 비, 설, 신, 의와 색, 성, 향, 미, 촉, 법을 말하는 것으로 눈, 귀, 코, 혀, 몸, 뜻과 그 대상인 빛, 소리, 냄새, 맛, 촉감, 법이다. 여기서 보는 작용은 눈을 통해서 이루어지고, 듣는 작용은 귀를 통해서, 냄새 맡는 것은 코를 통해서, 맛보는 것은 혀를 통해서, 감촉은 몸의 각 부위의 피부를 통해서 이루어진다.

이 6개의 감각기관을 내입처라 하며 6근이라고도 부른

다. 6근의 근은 기관이라는 뜻 이외에 기관이 가지고 있는 기능까지 포함한다. 즉 안근이라고 해서 안구만을 가리키는 것이 아니라 눈의 기능까지 포함한다.

6근에서 제6의 의근(意根)은 기능은 하지만 다른 5기관들처럼 직접 눈에 보이는 구체적인 기관은 아니다. 그러나 여기서 의식이 생기므로 전통적으로 일종의 기관으로 간주한다. 6근에 상응하는 바깥 세계의 대상, 즉 빛깔과 형태, 소리, 냄새, 맛, 감촉할 수 있는 것, 의근의 대상은 마음으로 생각할 수 있는 모든 것 혹은 일체 현상을 말한다. 즉 12처 가운데 11처에 포함되지 않은 모든 현상이다.

우주에 있는 존재는 셀 수 없이 많지만 요약해서 분류하면 주관계와 객관계로 나눌 수 있다. 주관계를 구성하는 것은 6내입처이고 객관계를 이루고 있는 것은 6외입처이다. 그러므로 주관과 객관의 모든 현상은 12처에 포섭된다고 볼 수 있다. 이와 같은 일체법의 분류 방식은 일체 존재의 주체인 인간의 인식 능력을 중심으로 구분해서 체계화한 것이다.

5온과 마찬가지로 12처의 교설도 일체법의 연기성을 가르치기 위한 것이다. 5온설은 물질영역보다 정신영역에 초점을 맞추어 설명했다면, 반대로 12초설에서는 정신영역은 의처와 법처로 간단히 설명하고 나머지 10처에서 물질 영역에 대한 설명을 더 구체적으로 하고 있다.

특히 이것은 물질이 실체라고 생각하거나 물질을 이루는 기본 요소는 영원불멸하다고 생각하는 사람들에게 물질에 실체가 없다는 것을 보여주어 일체를 구성하는 12처도 모두 연기하고 있음을 가르쳐 준다.

18계설에서는 일체의 존재를 인식기관과 인식대상 그리고 인식작용으로 분류한다. 눈을 통해서 빛깔이나 형상을 보기 때문에 그것을 식별하는 작용이 일어나게 된다. 그것을 안식이라고 한다. 귀로써 소리를 듣기 때문에 이식, 코로써 냄새를 맡기 때문에 비식, 혀로 맛을 느끼기 때문에 설식, 몸으로 무엇을 접촉하기 때문에 신식, 마음으로 무엇을 생각하기 때문에 의식이 일어나게 되는 것이다. 이것을 6식이라고 한다. 이처럼 18계에 '이것이 있음으로 저것이 있다'는 연기법의 원리가 그대로 적용되고 있음을 알 수 있다. 즉, '6근으로 인하여 6경이 있고, 6근과 6경으로 인연해 6식이 있으며, 6식으로 인하여 6촉이 있으며...'로 이어지는 연기법의 형태를 보여준다.

일체법이라고 하는 것은 별것이 아니라, 우리의 감각기관과 그 대상의 화합에 의해서 생기는 연기된 인식에 불과하다는 것이다.

그러므로 인식주체나 객체, 여기서 생기는 인식은 그 실체가 있어 홀로 존재하는 것이 아니라 서로 의존해서 생겼다 사라지는 연기적 존재라는 것을 보여주고 있다. 18계설은 물질과 정신에 실체가 있어 영원하다고 믿는 사람들을 위해 설한 것이다. 이들에게 물질과 정신의 참모습인 연기성을 보여줌으로써 결국 정신이든 물질이든 모든 현상은 영구불변의 실체가 아니며 연기하여 존재할 뿐이라는 사실을 강조하고 있다.

21. 삼법인

법인(法印)이란 법의 도장이란 뜻이다. 법이란 진리를 말하고 인장은 진리로써 인증하는 증표를 나타낸다. 삼법인은 초기경전에는 주로 제행무상, 일체개고, 제법무아의 형식으로 나타나지만, 일체개고 대신 열반적정을 넣어서 제행무상, 제법무아, 열반적정의 형식을 취하기도 한다.

일체의 삼라만상이 끊임없이 변해가며, 모든 것이 무상하다는 것은 누구나 다 잘 알고 있다. 아무리 작은 미립자의 물질이라고 하더라도 끊임없이 변화하는 에너지에 불과하며, 원자로부터 우주에 이르기까지 물리, 화학적으로 변화하지 않는 것은 아무것도 없다. 이러한 무상의 원칙이 현대과학의 발달로 더욱 확실하게 증명되기는 하지만, 부처님은 우리에게 어떤 과학적인 지식을 주기 위해서 무상관을 가르친 것은 아니다. 우리 인간이 당연히 누려야 할 참다운 삶, 가치 있는 삶, 영원한 삶을 얻게 하기 위한 실천적인 의미로 무상의 참뜻을 설한 것이다.

우리는 무상의 긍정적인 면보다는 부정적인 면을 더 강조하는 경향이 있다. 그러나 사실상 인생은 좋은 쪽에서 나쁜 쪽으로의 변화만 있는 것이 아니라, 그 반대의 경우도 얼마든지 있다. 지금 현재 소외되어 불행한 삶을 살아간다 할지라도 희망을 가지고 사노라면 복된 삶을 맞이할 수 있는 것도 모든 현상이 끊임없이 변하기에 가능한 것이다.

불교에서 인간이 사는 곳을 사바세계라고 한다. 고통을 참고 살아야 하는 세계라는 뜻이다. 인간 존재 자체가 괴로움이라는 의미이다. 왜냐하면 모든 것은 변화하기 때문이다. 변화한다는 것은 물질을 구성하고 있는 분자들처럼 끊임없이 운동하며 서로 충돌하고 있음을 나타낸다. 변화하는 현상은 이처럼 충돌과 팽팽한 갈등의 구조를 이루고 있으므로 불안정한 상태이다. 이런 상태가 몸과 마음에서 지속될 때 우리는 이것을 괴로움, 고통, 고뇌 등이라 느낀다.

괴로움의 유형에 따라 일체개고를 3가지로 분류하는데, 고고(苦苦)는 괴로움 자체의 고통, 행고(行苦)는 시간적으로 덧없이 변하는 데서 오는 고통, 그리고 괴고(壞苦)는 공간적으로 이루어진 것이 부서지는 데서 오는 공허감의 고통이다.

고고는 매우 일반적인 의미의 괴로움 자체를 말한다. 육체적으로나 정신적으로 힘든 상태, 부조화의 상태에서 오는 고통이다. 이런 괴로움을 당할 때 고통에 대한 관찰을 하지 않는 대부분 사람들은 자신만이 그런 고통을 당하고 있다고 생각하여 이중의 고통으로 시달리게 된다. 그러나 고통의 진상을 아는 수행자는 누구나 겪는 고통이라고 생각하고, 이 괴로움 또한 무상하므로 끊임없이 변화하고 있음을 통찰한다. 그래서 아픔에 또 다른 아픔을 불러오는 어리석음을 범하지 않는다.

행고는 모든 것이 시간적으로 변함으로 인해 겪게 되는 고통으로 삼법인의 첫 번째인 제행무상에서 오는 괴로움이다. 아름다운 젊음을 잃어야만 하는 괴로움, 나이가 들어 회사를 그만두어야 하는 괴로움, 세월의 변화에 따라 늙어 죽어야만 하는 괴로움 등이 그것이다.

그러나 행고를 관찰하는 수행자는 팽팽하고 생기 넘치는 얼굴에 험한 주름살이 생기더라도 있는 그대로 받아들이며 완숙의 미를 음미할 수 있으므로 이로 인한 더 이상의 괴로움은 생기지 않는다.

괴고는 어느 공간 속에 이루어져 있던 것이 부서지거나 없어지는 데서 오는 고통이다. 애지중지하던 값비싼 것이 없어지는 데서 오는 괴로움, 태풍이나 지진으로 인해 무너져 버린 집을 보는 괴로움 등 물리적인 무너짐에 대한 고통이다. 또한 가문이 무너지고, 우정이 깨지고, 결혼생활이 무너지는 것과 같은 심리적인 해체의 상태에서 오는 괴로움 역시 매우 견디기 힘들다.

그러나 괴고에 대한 관찰을 게을리 하지 않는 수행자는 이러한 것을 보고 잠시 애석해 하더라도 원래 내 것이 아니라 잠시 보관했을 뿐이라고 생각하여 그 물건에 대한 집착의 마음을 버린다. 어떤 형태의 고통이든 그것을 붙잡고 있지 않고 놓아 버리면, 괴로움의 속성이 무상하여 변하는 것이기 때문에 오래 머물러 있지 않는다. 방하착(放下着)하여 마음을 비워버리면 괴로움이란 실체가 없이 연기적으로 존재한 것이기에 곧 사라져 버릴 것이다.

괴로움만 실체가 없는 것이 아니라 괴롭다고 생각하는 '나'도 실체가 없다. 즉 무아이다. '나'라는 존재는 홀로 만들어진 것이 아니라 여러 가지 원인과 조건에 의해서 연기해 있는 것이라 했다. 우리가 애지중지하는 이 몸도 내가 아니며, 느낌, 개념, 생각 등도 또한 내가 아니다. 이 몸이란 부모님을 의지해 태어난 것이며, 느낌, 개념, 생각 등이란 가정, 학교, 사회, 그리고 살아오며 부딪쳐 온 주위의 환경으로부터 배워 익혀 온 것들에 불과한 것이다.

몸을 구성하고 있는 육신의 지, 수, 화, 풍 또한 이 우주의 가득한 물질을 잠시 인연에 맞게 빌어다 쓰고 있는 것일 뿐이다. 생각해 보면 본래부터 '나' 혹은 '나의 것'이었던 것은 하나도 없다. 잠시 인연에 따라 나에게로 오면 그것을 보고 '나'라고 이름 지어 집착하는 것일 뿐이다. 끊임없이 '나의 모습'은 변한다. 이처럼 변화하는 가운데 만들어진 '나'는 '나'라고 할 만한 실체를 찾아볼 수 없다.

그렇다면 내 느낌, 내 생각, 가치관 등에서 '나'라는 실체를 찾아낼 수 있을까? 지금 내가 '좋다 혹은 싫다'라고 느낄 대 그 느낌이 '나'일까? 나의 느낌이며, 생각이며, 가치관이며 세계관들은 어디에서 나왔을까?

모두가 다른 사람의 말이거나, 교육을 통해서 배웠거나, 살아오며 경험하고 환경에 의해 익혀 온 개념이나 이야기일 뿐이다. 우리는 가정, 이웃, 사회, 국가라는 환경 속에서 순간순간 일어나고 있는 사건에 대한 이야기를 받아들인다. 하지만 속내를 들여다 보면 배우고 익혀서 받아들인 느낌, 생각, 가치관, 관습, 고정 관념들이 우리의 머릿속을 점령하여 온통 나의 가면을 덮어쓰고 '나' 혹은 '나의 것'이라는 허상을 만들어 내고 있는 것이다.

그냥 놓아 버리면 모든 분별심이 끊어져 온통 환히 밝아지고 맑아진다. 나를 내세우지 않으면 모든 시비가 끊어지고 삶이 편안하고 맑아진다. 무아를 실천하면 삶이 복되고 넉넉해진다.

22. 12연기

12 연기란 '이것이 있으므로 저것이 있고 이것이 생기므로 저것이 생긴다'라는 구절로써 존재의 발생을 설명하고 '이것이 없으면 저것이 없고, 이것이 사라지면 저것도 사라진다'라는 구절로써 존재의 소멸을 설명하고 있다.

12 연기란 모든 괴로움을 떠나기 위해 그 발생과 소멸을 무명, 행, 식, 명색, 육입, 촉, 수, 애, 취, 유, 생, 노사의 12가지로 풀어놓은 것이다. 다시 말해 12 연기는 생멸 변화하는 세계와 인생의 모든 현상을 설명하기도 하지만, 이 교리의 근본 목적은 인생의 근원적인 문제인 고가 어떻게 해서 생겨나고, 또 어떻게 해서 사라지는가를 밝히는 것이다. 고통을 여의기 위함이 연기법이니만큼 역으로 위의 경전의 순서처럼 먼저 노사에서부터 12 연기를 알아야 한다.

노사란 늙음과 죽음을 의미한다. 노사는 삶의 모든 괴로움을 총칭한 근심, 비애, 고통, 번뇌를 말한다. 모든 존재는 생하면 필연적으로 늙음과 죽음이 있게 된다. 이 피할 수 없는 노사의 모든 괴로움은 무엇 때문에 있는 것일까? 그것은 태어남 때문에 고통이 있는 것이다. 즉 삶의 고통은 태어남으로부터 시작되는 것이다. 그래서 삶의 전 과정 즉 생노병사를 괴로움이라고 한다.

생은 무엇이 있으므로 있는가? 생은 집착을 여의지 못한 존재가 있어서다. 또한 나와 남, 내 것과 남의 것, 좋은 것과 싫은 것을 실체가 있는 존재로 고착화시키다 보니 태어난 것은 필연적으로 늙음과 죽음을 맞게 된다.

존재는 어떻게 있는가? 집착 때문에 있다. 취는 집착의 의미로서 인간의 미혹한 생존은 집착에 근거한 것이다. 또한 맹목적인 애증에서 발생하는 강렬한 애착을 가리킨다. 어떤 대상에 대해 욕망이 생기면 뒤따라 그것에 집착심을 일으키게 된다.

집착은 무엇 때문에 있는가? 애욕 때문이다. 애욕이란 갈애라고 하는데 보통 목이 타서 갈증이 나면 오로지 물을 구하려는 생각만 나는 것처럼, 항상 능동적으로 만족을 구하는 인간의 본능적, 맹목적, 충동적 욕망을 말한다.

애욕은 왜 생기는가? 받아들인 느낌과 감정이 있기 때문이다. 받아들임이라 즐거운 느낌, 괴로운 느낌, 즐거움도 괴로움도 아닌 느낌과 그 감수 작용을 말한다. 감각 기관과 그 대상 그리고 인식 작용 등의 3요소가 만날 때 거기에서 지각을 일으키는 심적인 힘이 생기게 되고 그

다음 수가 발생하는데 이 수 때문에 애욕과 갈애가 생기게 된다.

접촉은 어떻게 발생하는가? 수가 있기 때문이다. 촉이란 지각을 일으키는 일종의 심적인 힘이다. 모든 촉은 6근이 6경과 접촉하지 않으면 결코 생길 수가 없다. 촉에도 6가지 감각기관에 의한 6촉이 있다. 촉은 6입에 의해서 생긴다고 되어 있지만 엄밀하게 말한다면 6입 만에 의해서가 아니고 식, 명색, 6입 등 3요소가 함께 함으로써 발생하게 된다.

촉은 무엇으로 인하여 생기는가? 그것은 6가지 감각기관 때문에 생긴다. 6입이란, 6근 혹은 6처라고 하는데 이는 대상과 감각기관과의 대응작용이 이루어지는 영역을 말한다. 6입은 무엇으로 인하여 있는 것일까? 명색으로 인하여 있다. 명색이라 함은 정신현상을 표시하는 명칭과 물질을 나타내는 색을 합친 것을 의미한다. 6입의 대상이 명색이다.

명색과 그에 대응하는 6입인 감각기관만 있으면 인식활동이 일어날 수 있을까? 이런 상태에서는 인식현상은 일어나지 않는다. 여기에는 반드시 식이 있어야 한다. 식은 명색이 있기에 존재하고 명색은 식이 있기에 의미를 가진다. 그리고 그 매개의 역할을 하는 것이 6입이다.

우리는 감각기관인 6입과 그 대상인 명색 그리고 인식주관인 식이 다 함께 갖추어졌을 때만이 사물과 접촉하는 인식 활동을 하게 되는 것이다.

여기서 식이란 표면적인 의식뿐 아니라 심층의식도 포함한다. 식은 어떻게 있는가? 행이 있기 때문이다. 과거의 행이 없다면 현재의 인식작용이 일어날 수 없다. 그래서 행으로 인하여 식이 있다고 하는 것이다. 행이란 이미 몸과 입과 뜻에 의하여 형성된 선행 정보들이다. 이를 신(身), 구(口), 의(意)라고 한다.

행은 왜 생기는가? 무명이 있기 때문에 행이 일어나는 것이다. 무명이라 글자 그대로 명(지혜)가 없다는 말이다. 올바른 법, 즉 진리에 대한 무지를 가리킨다. 구체적으로는 연기의 이치에 대한 무지이고 사성제에 대한 무지이다. 괴로움은 무지 때문에 생기므로 무명은 모든 고를 일으키는 근본 원인이다. 팔정도 중에 정견, 즉 바른 가치관과 세계관을 확실히 체득하게 되면 무명은 사라지게 된다.

23. 사성제

부처님께서 베나레스의 녹야원에 머무르실 때의 일이다. 어느 날 부처님은 제자들에게 이렇게 설법하였다.
"네 가지의 성스럽고 참다운 진리가 있다. 무엇을 네 가지라고 하는가? 첫째는 모든 것은 괴롭다는 진리요, 둘째는 괴로움의 원인은 쌓임에 있다는 진리요, 셋째는 모든 괴로움이 소멸된 진리요, 넷째는 괴로움을 소멸시키는 방법의 진리다. 만약 수행자로서 이미 모든 괴롭다는 진리를 알고 이해하며, 괴로움의 원인이 쌓임에 있음을 알고 끊으며, 괴로움이 소멸된 진리를 알고 닦았다면, 그런 사람은 빗장과 자물통이 없고, 구덩이를 편편하게 고르고, 모든 험하고 어렵고 얽매이는 것으로부터 벗어났다고 하리라. 그는 어질고 성스러운 사람이라 부를 것이며 거룩한 깃대를 세웠다고 하리라." (잡아함경)

부처님은 괴로움의 세계라는 현실과 그 고통의 원인, 괴로움이 멸한 세계, 그리고 괴로움을 멸하는 길을 깨우쳐 주신다. 이 사성제의 실천구조는 환자의 병을 치료하는 원리와 유사하다.

괴로움은 우리들이 앓고 있는 병의 증상에 해당된다. 그리고 집, 즉 미혹과 집착의 갈애는 발병의 원인이 된다. 멸, 즉 괴로움이 멸해서 평안한 상태는 병이 없는 건강한 상태이다. 마지막으로 도, 즉 괴로움을 없애고 열반에 이르는 길은 병을 치료하는 방법이다.

현실의 괴로움과 괴로움의 원인은 길고 먼 윤회의 길로 추락하는 경로를 나타내고 괴로움의 소멸과 소멸하는 방도는 영원한 행복과 자유가 있는 열반의 고향으로 되돌아가는 경로를 보여준다.

사성제의 첫 번째는 괴로움에 대한 명확한 인식이다. 즉 고성제이다. 현실의 괴로움은 보통 4고, 8고로 분류한다. 생, 노, 병, 사라는 삶의 모든 과정에 대한 4가지 괴로움에 다른 4가지 괴로움, 즉 애별리고(愛別離苦), 원증회고(怨憎會苦), 구부득고(求不得苦), 오음성고(五陰盛苦)를 합해서 8고라고 한다.

삶을 받는 괴로움, 늙은 괴로움, 병드는 괴로움, 죽는 괴로움은 윤회의 굴레를 벗어나지 못하는 한 누구나 겪어야 하는 보편적인 괴로움, 싫은 사람을 만나야 하거나 열악한 환경 속에서 살아야 하는 괴로움, 원하는 것이 뜻대로 이루어지지 않는 괴로움, 마지막으로 5온은 나와 나의 것으로 집착하는 데서 오는 괴로움이다.

괴로움에 대한 인식이 사성제의 첫 번째 진리이다. 우리는 일반적으로 이런 괴로움을 늘 겪고 있으면서 인간 존재의 실상을 여실하게 보는 지혜가 없기 때문에 이 진리에 대해서 전적으로 공감하지 못한다. 사랑하는 사람과 헤어지거나 미운 사람을 만나면 당장 괴롭다고 생각하지만 시간이 지나면 이내 망각하고 지낸다. 불교 수행의 출발점은 괴로움에 대한 정확한 인식인데, 고의 실상을 바로 보는 순간 고통을 여의고 안락함을 얻을 수 있는 것이다.

고통을 여의고 안심입명을 얻기 위해서는 괴로움의 실체를 바로 알아야 한다. 괴로움을 두려워하며 피할 것이 아니라, 정면으로 맞서 괴로움을 직시해야 한다. 고통의 무게를 못 이겨 삶을 포기하거나 자살하는 사람들은 정말 헤어 나오기 힘든 암흑의 늪으로 빠져드는 것이다. 아무리 괴롭고 힘들더라도 회피하지 않고 적진을 향해 달리는 용맹스런 장수처럼 고통을 직면해야 한다. 당당하게 괴로움과 맞설 때 그 실체를 정확히 인식하여 원인과 해결책을 마련할 수 있는 것이다.

사성제의 두 번째는 괴로움의 원인에 대한 확실한 인식이다. 즉 집성제이다. 집이란 '함께 모여 일어난다'라는 뜻이다. 무엇이 함께 모여 일어나는 것일까? 이는 인간의 근본 미혹으로 인한 욕망과 애착이 모여 괴로운 번뇌가 일어난다. 이것을 한 마디로 '갈애'라고 한다.

욕망의 갈증과 존재에 대한 애착이다. 이 갈애가 바로 괴로움의 원인인 것이다. 감각기관을 통해서 보기에 좋은 것, 듣기에 좋은 것, 좋은 향기, 좋은 맛, 감촉이 좋은 것만을 탐한다.

그 욕망의 정도는 끊임이 없다. 하나를 충족시키면 둘을 요구하고 둘을 들어 주면 셋을 요구한다. 그래서 이것이 괴로움의 원인이 되는 것이다. 이것을 '욕애(慾愛)'라고 한다.

좋은 것만을 탐닉하는 인간의 성향 이면에는 '나'라는 존재가 영원하여 좋은 것을 항상 향유하기를 바란다. 지금 이 목숨이 계속 이어지기를 바라며 생에 대한 강렬한 집착을 버리지 않는다. 바로 이생에 대한 갈애와 집착이 '유애(有愛)'이다.

이처럼 욕애와 유애를 추구하다가 더 이상 나아갈 수 없을 때 자포자기한 상태에서 허무를 탐닉한다. 이것을 '무유애(無有愛)'라고 한다. 쾌락주의의 극치는 허무주의와 통하는 것이다. 그러나 이런 양극단에 치우친 태도는 항상 고통의 원인이 된다.

고통의 원인을 파악하려고 하는 삶의 태도는 매우 적극적이며 역동적이다. 부처님은 최초의 설법 중에서 "최초의 진리가 괴로움의 인식이고 괴로움의 원인을 여실히 관찰하고 인식한 사람이 있다면 그는 이미 괴로움에서 벗어난 사람이다."라고 말씀하셨다.

사성제 중에서 멸성제는 괴로움이 소멸된 상태, 즉 괴로움의 원인인 갈애 또는 탐냄과 성냄과 어리석음이 모두 사라진 평온의 경지를 나타낸다. 모든 괴로움의 원인이 소멸되었으니 괴로움도 당연히 사라져야 한다.

괴로움이 없는 인생, 이는 이미 중생의 삶이 아니라 열반과 해탈을 성취한 성자의 삶이다. 고통스러운 병과 그 원인이 소멸되었다는 것은 삼법인에서의 열반적정의 상태이며, 12연기의 역관의 결과로 해탈의 경지를 말한다.

모든 존재 현상은 끊임없이 생멸하고, 생멸 변화하는 현상들은 갈등과 갈애의 상태를 면치 못하며, 이런 생멸하는 갈등과 갈애의 현상 이면에는 어떤 고정불변의 실체가 존재하는 것이 아니라는 진리를 확실히 체험하면 바로 그 상태가 열반적정인 것이다.

이렇게 괴로운 존재 현상의 시작과 끝을 여실히 관찰하여 체득함으로써 해탈열반의 세계를 성취하게 된다. 즉 괴로운 존재현상을 떠나 어떤 열반적정의 세계가 따로 존재하는 것이 아니라, 삶의 모습을 여실하게 바로 보면 열반적정이며 해탈이고, 잘못 보면 괴로움이고 번뇌이고 무명이다.

여기에 멸성제의 현실적이고 실천적인 의미가 있다. 고뇌와 무지로 점철된 삶의 질곡이 따로 있고 해탈열반의 이상세계는 멀리 존재한다면 고통의 삶을 극복하기 위한 수행은 불가능할 것이다.

일상생활에서 만나는 이들에게 너그러운 자비심과 공경으로 대하고, 좋은 말 밝은 얼굴로 내 욕심을 접고 먼저 양보하며 남의 일을 같이 기뻐하고 상처를 안아주며, 감사하고 찬탄하며 모든 공덕을 함께 나누면, 바로 그 순간 괴롭고 힘든 고통의 삶이 지금 여기에서 신나고 기쁨이 넘치는 수행의 삶으로 전환된다. 멸성제의 현실적 성취를 위한 구체적인 실천방법은 바로 도성제이다.

도성제는 괴로움을 소멸하는 8가지 수행방법을 말한다. 바른 견해, 바른 사유, 바른 말, 바른 행위, 바른 생활, 바른 노력, 바른 마음챙김, 바른 선정이 그것이다.

팔정도는 불교의 종합수행법이며, 불교수행의 요체일 뿐만 아니라, 유구한 세월을 통해 많은 수행자들에 의해 계발되고 계승된 불교의 각종 수행법의 토대가 된다. 팔정도의 수행덕목들은 서로 밀접하게 연관되어 있고 수행의 핵심 사항들이 종합적으로 집대성되어 있다.

팔정도의 각 덕목들은 정견을 얼마나 깊고 정확하게 이해하느냐에 따라 그 수행 결과가 달라진다. 또한 팔정도 수행의 출발점은 정념이고 그 노력이 정정진이며 이것이 지속적으로 이어져 집중에너지가 형성되면 정정, 행동으로 자비를 실천하는 것이 정어, 정업, 정명이다.

24. 안으로 늘 깨어

다섯 감각기관을 통해 들어온 외부의 정보와 의식 공간에 존재하던 기존의 개념, 관념, 가치 등 무수한 심리적 정보들과 결합되어 연기적 '나'가 형성된다. 안으로 늘 깨어 있어 이렇게 형성된 '나'는 연기적 존재라는 것을 정확히 인지하는 것이 연기법 수행에서 중요하다.

'나'는 찰나로 연기적으로 변하고 있어 고정불변의 실체가 없는 '무아'라는 사실을 늘 깨어 있는 마음으로 알아차리는 것이다. 그러나 교리공부를 할 때는 이 말에 수긍이 가고 완전히 이해한 것 같지만 우리 생활속에 실천하려고 할 때는 '무아'니 '연기법 수행'이니 하는 말 따위는 나의 삶과 전혀 상관없는 것이 되어 버린다.

상황에 이끌리고 주위 사람들에게 휘둘려 괴로울 때, 화가 날 때, 일이 풀리지 않아 답답할 때, 우리는 순간순간 그 상황의 노예가 된다. 이런 상황에서도 깨어 있는 마음을 놓치지 않고 화두를 들거나, 염불을 하거나, 혹은 자신의 말과 뜻을 관조할 수 있을 때 그를 우리는 연기법 수행자라 할 수 있는 것이다.

화가 머리끝까지 치솟아 올라 친구와 싸움을 한다고 생각해 보자. 싸우는 순간 친한 친구라는 것은 까맣게 잊고 이렇게 욕을 하면 안 된다는 것도 망각한 채 그저 욕하고 주먹이 날아가고 심한 몸싸움까지 하고 만다. 이렇듯 순간의 상황에 휩쓸려 내 마음의 중심을 잃어 돌이킬 수 없는 실수를 저지르고 나서야 비로소 후회하고 한탄한다.

연기법 수행자란 순간순간 연기적 삶의 태도를 잃지 않는 자이다. 연기적 삶의 태도란 예를 들어 화를 내는 순간 연쇄적으로 일어날 상황들을 미리 간파하여 몸과 입과 뜻을 조절하는 것이다.

이런 수행자는 어떤 돌발적인 상황에도 휩싸이지 않고, 마음이 항상 밖을 향해 있지 않고 내면을 관조하고 있다. 이 사람의 내면은 맑고 고요하다. 마음은 언제나 당당하여 흔들림이 없으며 그 어떤 외부의 경계가 다가와도 결코 흔들리지 않는다. 이것이 연기법 수행자의 맑고 당당한 마음이다.

눈, 귀, 코, 혀, 몸, 뜻은 외부의 대상, 즉 빛, 소리, 냄새, 맛, 촉감, 법을 찾아 헤매고 다닌다. 더 좋은 경계, 더 짜릿한 자극을 찾아 집착하고 소유하고자 한다. 이렇게 6가지 감각기관인 6근이 시키는 대로 이끌리다 보면 자꾸 욕심과 집착이 늘어나 '나'라는 생각만 키우고, 이 '나'라는 거창한 실체 관념에 끊임없이 업을 덮어씌워 결국 삶의 무게를 감당할 수 없게 된다.

연기법 수행자는 어떤 경우에도 이런 실체 관념의 늪에 빠져들지 않고 성성하게 깨어있는 자이다. 외부에서 그 어떤 경계가 그를 휘젓더라도 경계에 따라 마음이 천차만별로 흩어지지 않는다. 참된 연기법 수행자의 면목은 경계에 닥쳤을 때 여실히 드러나는 법이다.

언뜻 보기에는 모두가 맑게 느껴질 수도 있지만, 경계 앞에 서면 참된 맑음, 참된 수행자의 실상이 나타난다. 맑은 물 한 컵과 흙탕물 한 컵을 한동안 가만히 놓아두면 양쪽 다 모두 맑게 보여진다. 그러나 막대로 휘저어 본다면 맑은 물은 그대로 맑지만, 흙탕물은 온통 탁해지기 마련이다.

아무리 연기법 수행자라 하더라도 경계 없는 인생은 없으며 경계에 닥쳐 '욱'하는 마음이 올라오지 않는 이는 거의 없다. 경계가 닥치면 과거 업식따라 마음은 동하게 마련이다. 그렇지만 그 업식에 놀아나지 않도록 하는 것이 바로 수행이다. 안으로 늘 깨어 있어 솟아나는 업식을 관조하고 있으면 그 업의 세력은 곧 약화되어 자취를 감추게 된다.

25. 분별심과 집착을 놓고

육근과 육경의 상호작용을 통해서 만들어낸 '나'에는 온갖 종류의 욕망과 집착, 그리고 생각과 앎의 거품이 가득하다. 그 이유는 '나'라는 존재는 연기적으로 형성되었다는 사실을 망각하고 살기 때문이다. 쉽게 말해 눈으로 물질인 색을 보는데 그냥 보는 것이 아니라, 좋다 나쁘다 분별을 하며 마음이 대상에 머물게 된다.

대상을 붙잡고 '나', '나의 것', '아름답다 추하다', '나의 것이다. 너의 것이다' 등 분별 의식 속에서 살아간다. 이 분별심은 집착을 낳는다. 집착은 항상 탐착과 혐오라는 두 가지 양상의 에너지를 발산한다. 탐착은 자신에게 이롭다고 생각되는 것은 강하게 끌어들이는 심리 에너지이고 혐오는 자신에게 해롭다고 판단되면 무조건 거부하고 밀쳐내는 심리 에너지이다.

이런 심리 에너지가 우리들의 삶 전체에 퍼져 있어서, 이 에너지의 강한 소용돌이 속에 휘말려 있는 상태에서는 그 누구도 고통과 번민의 늪에서 헤어날 수 없다. 좋

은 대상에 대해서 사랑을 하고 미운 대상에 대해서는 다
툼을 일으킨다.

하지만 대상은 늘 허망하기 때문에 잠시 인연 따라 좋
고 싫게 나타날 뿐이지 좋고 싫은 대상이 항상 정해져
있는 것이 아니다. 인생은 기쁨과 슬픔이 연이어 교차하
며 흐르는 것이다. 이처럼 애착과 혐오, 사랑과 증오, 쾌
락과 고통, 칭찬과 비난, 성공과 실패, 이익과 손해, 건강
과 질병, 심지어 삶과 죽음까지도 매 순간 생겨났다 사라
지는 것이다.

바로 생멸하는 연기적 현상을 애써 붙잡지 않고 놓아
버리면, 시계추의 진동처럼 애착의 힘에서 혐오의 힘으로
왔다 갔다 하다가 결국 제자리를 찾는다. 바로 생멸하는
연기적 현상을 애써 붙잡지 않고 놓아버리면, 시계추의
진동처럼 애착의 힘에서 혐오의 힘으로 왔다 갔다 하다
가 결국 제자리를 찾는다.

삶은 마치 좌우로 흔들리는 추와 같다. 추 스스로 중심
을 찾게 가만히 놓아둔다. 억지로 그 추의 중심을 찾으려
고 붙잡는 순간 추는 중심을 떠나버린다. 세상살이도 비
슷하다. 물 흐르듯 가만히 두면 되는데, 좋으면 강하게
끌어들여 집착하고, 싫으면 무조건 거부하고 밀쳐내어 고
통과 번민의 소용돌이 속에 빠져들게 된다.

자유와 해탈의 삶은 저 멀리 사후 열반의 세계에 있는
것이 아니라 인생의 어떤 상황에도 머무르거나 집착하지

앓고 놓아버리면 지금 여기에 바로 지고한 행복의 삶이
있는 것이다.

26. 공사상

<반야심경>에는 '색즉시공 공즉시색 수상행식 역부여
시'라는 구절이 있다. 이는 '색이 그대로 공이고, 공이 그
대로 색이며, 수와 상과 행과 식도 역시 이와 마찬가지
다'라는 뜻이다. 여기서 말하는 색, 수, 상, 행, 식은 5온
이기에, 이 구절은 그대로 '5온이 그대로 공이고, 공이
그대로 5온이다'로 풀이된다.

그리고 5온이란 나와 나를 둘러싼 이 세계의 모든 것
을 가리키기에 이 구절은 다시 '모든 것이 그대로 공이
고, 공이 그대로 모든 것이다'로 바꿔 쓸 수 있다.

'공'이란 말은 '텅 비어 있음'을 뜻한다. 따라서 '모든
것이 그대로 공이다'라는 말은 '모든 것이 그대로 텅 비
어 있다'는 의미가 된다.

반야심경에서는 공의 경지에 5온도 없고 12처도 없으
며 18계도 없고 12연기도 없으며 사성제도 없다고 말한
다. 궁극적 경지에는 5온, 12처, 18계와 같은 세상만사는
물론이고, 12연기와 사성제와 같은 불교의 핵심교리조차
없다고 하는 것이다.

반야심경에서는 어째서 이렇게 세상만사가 텅 비어 있고 불교의 핵심교리들이 모두 없다고 하는 것일까?

세찬 물살이 흐르는 강을 건너기 위해서는 뗏목과 같은 배가 필요하다. 강의 이쪽 언덕은 지금 우리가 살고 있는 윤회의 세계에 비유되고, 강의 저쪽 언덕은 열반의 세계에 비유된다. 윤회의 강둑에서 열반의 강둑으로 건너가기 위해 우리는 뗏목과 같은 부처님의 가르침에 의지해야 한다.

그런데 뗏목을 타고 강을 건널 경우 뗏목에서 내린 후 저쪽 강둑으로 올라가야 강을 건너는 일이 끝나듯이, 불교 신행자의 경우도 부처님의 가르침이라는 뗏목을 타고 피안의 열반에 도달한 후에는 그 가르침의 뗏목에 집착하지 말아야 한다.

저쪽 강기슭에 도착했는데도 뗏목을 타고 있으면 아직 열반의 언덕에 완전히 도달한 것이 못 된다. 진정한 열반의 언덕에는 부처님의 가르침조차 존재할 수가 없다. 그래서 반야심경에서 궁극적 경지인 열반의 경지, 다시 말해 공의 경지에는 '5온도 없고, 12처도 없고, ... 사성제도 없다'고 하는 것이다.

27. 윤회

윤회란 크게 두 가지 의미로 해석할 수 있다. 첫째는 우리가 살고 있는 인간 세계를 포함한 여섯 개의 세계, 즉 지옥, 아귀, 축생, 아수라, 인간, 천상의 세계를 끝없이 죽고 태어나면서 돌고 도는 것을 말한다. 둘째는 우리의 마음 상태를 비유적으로 표현한 것으로 세 가지의 세계, 즉 욕계, 색계, 무색계로 나누어진 선정의 단계를 말한다.

첫 번째 육도 윤회는 현생에서 우리가 짓는 업에 따라 내생의 세계가 정해지는 것으로 선업을 쌓고 바른 수행을 통해 다음에 보다 나은 세계에 태어날 수 있으며 그와 반대로 악업으로 인해 더 고통스러운 세계에 태어날 수 있다는 것이다. 따라서 업이야말로 윤회의 원동력인 것이다.

한편 어떤 종교에서는 천상의 세계에는 신과 같은 존재들이 머무는 곳으로 내생에 그곳에 태어나는 것을 목표로 삼는다. 그러나 불교는 천상의 세계도 윤회에 포함시키고 있는데 이것은 천상이나 극락이 도달해야 할 최종 목적지가 아니라 뛰어넘어야 할 하나의 대상일 뿐이라는 것을 말해준다.

두 번째의 삼계 윤회는 육도를 다시 세 가지의 세계로 분류한 것인데 욕계는 지옥, 아귀, 축생, 아수라, 인간, 그리고 서른세 개의 천상 세계 중 일부로 물건과 잠을 탐하고, 음란한 생각이 가득한 우리 중생의 일상적 의식 상태를 말한다. 색계는 욕계에 속하는 천상의 세계보다 위에 있는 일부의 세계를 말하고 선정에 의해 욕망은 제거되었지만, 육신과 같은 물질이 아직 남아 있어 완전히 자유롭지 못한 마음의 상태를 말한다.

무색계는 삼십삼천 중에서 가장 높은 단계에 있는 네 개의 천상 세계에 해당되며 이 단계는 육신의 굴레마저도 완전히 뛰어넘은 자유자재한 마음의 상태를 말한다. 따라서 우리의 마음은 수행에 따라 더 높은 세계로 갈 수도 있고 번뇌와 망상에 의해 낮은 단계의 세계로 떨어질 수도 있음을 의미한다.

우리가 불교의 윤회설을 공부할 때 반드시 염두해야 할 가르침으로 무기설이 있다. 무기설이란 부처님께서 존재의 본질에 관한 네 가지 질문에 대해 침묵으로 그 답을 대신하는 것을 말한다.

그 네 가지 질문이란 다음과 같다.

첫째, 세계는 시간적으로 무한한가, 유한한가? 일부는 무한이면서도 다른 일부는 유한한가? 알 수 없는가?

둘째, 세계는 공간적으로 보아 무한한가, 유한한가? 일부는 무한이면서도 다른 일부는 유한인가? 알 수 없는 것인가?

셋째, 영혼과 육체는 같은 것인가, 다른 것인가? 일부는 같으면서 다른 일부는 다른 것인가? 알 수 없는 것인가?

넷째, 여래는 죽은 후에 존속하는가, 존속하지 않는가? 일부는 존속하고 다른 일부는 존속하지 않는가? 알 수 없는 것인가?

부처님은 이러한 질문들 자체가 중생의 고통을 제거하는 데는 아무런 도움이 되지 않기에 부처님은 독화살에 맞은 사람의 비유를 들어 직접적인 답을 피하셨던 것이다.

불교는 죽은 후의 세계가 어떤 것인지를 설명하고 그것에 대한 맹목적 믿음을 강요하는 종교가 아니다. 따라서 불교의 윤회설을 현재 우리가 살고 있는 세계 또는 우리 마음의 세계를 보다 더 바르게 알고 깨닫는 데 초점을 맞추어 이해되어야 한다. 우리가 살고 있는 세계의 모든 물질적인 것들과 정신적인 것들은 매순간마다 변하지 않는 것이 없고 부처님은 이러한 것을 무상이라고 했다. '나'라는 존재 역시 이 무상의 법칙에서 벗어날 수 없기에 지금 이 순간에도 우리의 마음과 몸도 삶과 죽음의 끝없는 윤회의 바퀴를 돌고 있다고 하겠다.

28. 믿음의 의미와 대상

불교는 과학이 아니라 종교라는 점에서, 지식이 아니라 믿음의 범주에서 다루어져야 한다. 이를 간과한 채 불교를 과학의 시선으로 바라보고 모든 것을 증명하려는 태도는 지양되어야 한다. 이성이나 경험을 통해 신의 존재를 증명하려 했던 중세 기독교의 오류를 답습하는 것과 같기 때문이다.

불교에서 믿음의 대상은 구체적으로 붓다와 가르침, 승가이다. 이를 보고 삼보, 즉 세 가지 보배라고 한다. 그만큼 소중하다는 뜻이다. 삼보는 불교를 지탱하는 생명과 같다. 불교의 모든 의식이 삼보에 귀의하는 것에서 시작되는 이유도 여기에 있다.

귀의란 범어인 '나마스(namas)'를 번역한 것이다. 흔히 '나무아미타불'할 때 '나무'는 나마스를 음역한 말이다. 이는 목숨 걸고 돌아간다는 뜻이다. 삼귀의란 삼보에 돌아가 절대적으로 믿고 의지한다는 일종의 신앙고백이다. 이처럼 부처님과 가르침, 승가를 각기 다른 모습으로 바라보는 것을 별상삼보(別相三寶)라고 한다.

반면에 삼보를 '하나의 마음'으로 바라보는 일심삼보(一心三寶)도 있다. 불법승이 마음 밖에 별도로 존재하는 대상이 아니라 우리들이 본래부터 갖추고 있는 일심이라는 것이다. 그렇다면 삼귀의는 하나인 마음에 돌아가 살겠다는 간절하면서도 굳건한 다짐이라고 할 수 있다.

<화엄경>에는 "마음과 부처, 중생 이 셋은 차별이 없다."고 하였다. 우리는 탐진치 삼독의 술에 취해 있어서 중생인 줄 알고 살지만, 실은 믿음의 대상인 부처가 다름 아닌 나 자신이라는 뜻이다. 따라서 삼독의 술에서 깨어나 본래의 모습을 회복하고 부처다운 삶을 사는 것이 곧 신앙인의 참다운 모습이다.

<화엄경>에서는 또한 '믿음은 도의 근원이요 공덕의 어머니'라고 강조한다. 이러한 믿음을 통해 근원적으로는 번뇌 망상으로부터 벗어나 위없는 깨달음을 성취할 수 있다. 불교의 목적인 깨달음은 인간의 이성이 아니라 믿음과 수행을 통해서 가능하다.

선불교에서도 '마음이 곧 부처'임을 매우 강조한다. 이를 언급하지 않은 선사들이 거의 없을 정도다. 왜냐하면 내 마음이 다름 아닌 부처임을 믿고 깨치는 것이 곧 견성이기 때문이다. 자신의 성품을 밝게 비추는 견성은 선불교의 생명과도 같다.

화엄이나 선에서 내가 곧 부처임을 믿어야 한다고 강조하는 이유는 무엇일까? 그것은 다름 아닌 부처를 대상화하는 우를 범할 수 있기 때문이다. 부처를 대상화하면 나와 부처가 둘이 되어, 나는 '여기'에 있고 부처는 '거기'에 있게 된다.

그렇게 되면 부처를 찾는 우리의 시선이 밖에 있는 '거기'로 향할 수밖에 없다. 선불교에서는 밖으로 향하는 식선을 안으로 돌이키라고 한다. 그럴 때 비로소 부처는 다른 데 있는 것이 아니라 내 안에 있음을 깨칠 수 있다는 것이다. 선사들이 '절대로 밖에서 찾지 말라'고 강조하는 이유도 여기에 있다.

불교가 지나치게 기복 중심으로 흐르게 되면, 자기성찰으리 종교라는 본래의 모습을 잃어버릴 수 있다. 기도도량으로 유명한 전국의 사찰들은 사람들의 발길이 끊이지 않는다. 흔히 말하는 영험 때문이다. 소원을 빌면 잘 이루어진다는 것이다. 물론 종교에 기복이 없을 수 없다. 부처님과 여러 보살님들의 위신력에 의지해서 자신이 이루고자 하는 소망을 담을 수 있다.

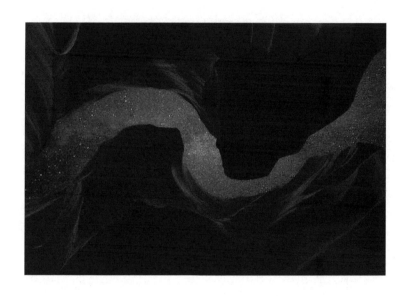

29. 자력 신앙

　인간은 태어나면 언젠가는 늙고 병들어 죽기 마련이다. 이러한 유한한 실존 앞에 인간은 괴로움을 느끼고 한없이 작아진다. 그렇다면 우리가 할 수 있는 것은 무엇일까? 그것은 영원한 삶을 꿈꾸거나 고통에서 벗어나기를 원하는 것이다. 그 꿈이 실현된 상태를 종교에 따라 구원, 혹은 깨달음이라 표현한다. 이것이 바로 인간이 종교를 믿는 이유이다.

　종교의 목적인 구원에 이르는 데는 두 가지 길이 있다. 자력신앙과 타력신앙이다. 자기 스스로의 힘으로 구원에 이를 수 있다는 것이 자력 신앙이고, 절대적 힘을 가진 타자, 즉 신의 은총에 의해서 구원받을 수 있다는 것이 타력 신앙이다. 기독교를 비롯한 서양 종교가 타력신앙이라고 한다면 불교를 위시한 동양종교는 자력신앙이다.

　종교인 목적인 구원을 불교에서는 깨달음이라고 한다. 깨달음이란 어떤 절대적 존재의 은총으로 주어지는 것이 아니라 스스로의 노력으로 얻을 수 있는 종교적 체험이다. 석가모니가 이를 직접 체험하고 생로병사라는 인간의 실존적 괴로움에서 벗어난 인물이다. 그렇기에 자력신앙의 모습은 그의 생애와 가르침에서 충분히 확인할 수 있다.

불교에는 다음과 같은 말이 있다.

"하늘 위 하늘 아래 오직 나 홀로 높다."

흔히 탄생게로 알려진 이 선언을 통해 불교에서 인간을 어떻게 바라보는지 이해할 수 있다. 흔히 오해하는 것처럼 이 말은 나 혼자 잘났다는 뜻이 아니다. 여기에서 '아'라는 말은 개별적 존재가 아니라 보편적 인간성을 말한다. 따라서 이 말은 모든 인간은 그 자체로 매우 존엄하다는 뜻이다. 인간의 가능성을 아주 높이 평가한 선언이다.

그렇다면 불교에서는 왜 인간을 위대하다고 했을까? 이는 종교의 목적인 구원을 인간 스스로 실현할 수 있기 때문이다. 이러한 입장은 대승불교에 이르러 인간은 부처가 될 수 있는 성품을 갖추고 있다는 불성사상이나 여래의 씨앗이 있다는 여래장사상으로 발전하기도 한다. 이것은 나고 죽는 인간의 문제를 스스로의 힘으로 해결할 수 있다는 자력신앙의 근원이 된다. 이러한 자력신앙의 모습은 붓다의 마지막 말에서도 잘 나타나 있다. 그는 열반에 들기 전 제자들에게 이렇게 말했다.

"너 자신을 등불로 삼고 너 자신을 의지하라. 진리를 등불 삼고 진리를 의지하라. 이 밖에 다른 것에 의지해서는 안 된다."

흔히 '자등명 법등명(自燈明 法燈明)'으로 알려진 붓다
의 마지막 유훈은 어떤 절대적 존재에 의해서가 아니라
자신을 등불로 삼고 진리를 등불 삼아 정진할 때 이루어
진다는 것을 잘 보여주고 있다.

인간이 스스로의 힘으로 깨달음에 이를 수 있는 이유
는 다른 데 있는 것이 아니다. 그것은 바로 인간은 절대
적 존재에 의해 지음 받은 피조물이 아니라 우주의 중심
이며 주인공이기 때문이다. 따라서 누구나 스스로 노력하
면 깨달음을 얻어 붓다가 될 수 있다는 것이 불교의 기
본 입장이다.

이와 같이 인간의 가능성을 높이 평가한 철학이나 종
교는 다른 데서 찾아보기 힘들다. 붓다의 탄생과 열반에
서 확인한 것처럼 불교는 전형적인 자력 신앙의 모습을
하고 있다.

30. 이것과 저것

불교에서 중요한 것은 깨침과 자비가 아닐까 싶다. 깨침은 중생 싯다르타를 붓다로 이끈 종교적 체험이고, 이를 통해 진정한 자비가 가능하다는 것이 불교를 관통하고 있는 진리이다.

싯다르타는 무엇을 깨쳐서 중생에서 붓다도 전환을 이루었을까? 그것은 바로 연기의 진리다. 연기란 '말미암아'라는 것과 '일어난다'가 결합된 합성어이다. 즉, 존재하는 모든 것은 서로 말미암아 일어난다는 뜻이다. 붓다는 이것은 '이것이 있음으로 말미암아 저것이 있고, 이것이 생기므로 말미암아 저것이 생긴다.'라고 말했다.

이 두 문장은 흔히 '연기의 공식'이라 일컬어지는데, 여기에서 붓다가 통찰한 세계의 모습을 엿볼 수 있다. '이것이 있음으로 말미암아 저것이 있다'는 구절은 세계를 공간적으로 관찰한 부분이다.

붓다는 이러한 존재의 실상을 볏단에 비유한 적이 있다. 볏단은 하나가 쓰러지면 다른 볏단도 쓰러지기 마련이다. 볏단은 서로 마주 세워놓아야 쓰러지지 않는 것처럼, 모든 것은 서로 의존하는 관계 속에서 더불어 존재한다. 이것과 저것은 서로의 존재 이유이자 근거가 된다는 뜻이다.

이는 곧 존재하는 모든 것은 한 몸이라는 의미와 다르지 않다. 자비가 나오는 근거도 바로 여기에 있다. 한 몸이기 때문에 사랑할 수밖에 없다는 것이다.

두 번째 문장인 '이것이 생기므로 저것이 생긴다.'라는 구절은 연기의 시간적 관찰이다. 모든 것은 공간뿐만 아니라 시간적으로도 서로 더불어 존재한다는 뜻이다. 예를 들어 책은 종이로 만들어졌는데, 한 장의 종이는 태양과 구름 등 수많은 인연들의 시간적으로 관계를 맺고 있다. 적절한 양의 햇빛과 비 등이 있어야 나무가 자라고, 그 원목으로 종이를 만들기 때문이다. 따라서 한 권의 책 속에는 글뿐만 아니라 태양과 비, 구름 등 수많은 인연이 함께 담겨있다. 뿐만 아니라 나무를 베는 어느 이름 모를 노동자의 어깨에 맺힌 땀방울까지 읽을 수 있어야 한다는 것, 이것이 붓다가 성찰한 연기의 의미였다.

이처럼 연기의 진리에는 나와 세계가 둘이 아니라 깊은 관계 속에서 '하나'라는 인식이 자리하고 있다. 이것과 저것, 나와 너, 인간과 자연, 남과 북, 동과 서는 한 몸이라는 의식의 전환이 있어야 비로소 상대가 기쁠 때 함께 기뻐하며 슬플 때 함께 슬퍼할 수 있는 것이다. 이것이 바로 동체자비이다.

이와는 달리 모든 것을 하나가 아니라 둘이라고 느끼면 대립과 갈등이 생길 수밖에 없다. 인간과 자연을 둘이라고 인식했기 때문에 환경을 함부로 대하고 그럼으로써 오늘날 문제가 생긴 것이다. 붓다가 깨친 연기적 사유는 오늘날 우리가 가지고 있는 문제를 근본적으로 해결해 줄 수 있을 것이다.

31. 고통과 행복

붓다의 가르침 가운데 '두 번째 화살은 맞지 말라'라는 것이 있다. 우리는 대개 첫 번째 화살을 맞으면 그 영향력으로 인해 두 번째뿐만 아니라 세 번째, 네 번째 화살을 맞게 된다.

12연기는 대상과 만나면서 겪게 되는 우리들의 실제 모습과 그 원인을 있는 그대로 보여주고 있다. 그리고 '무명', 즉 연기의 진리를 모르는 어리석음이 중생살이의 근본 원인임을 밝히고 있다. 우리는 무명으로 인해 온갖 부산을 떨면서도 왜 그러는지 모른 채 같은 행위를 반복하며 살아간다.

이처럼 무명 속에서 윤회하는 삶, 즉 무명으로부터 노사에 이르는 과정을 유전연기라고 한다. 무명으로 말미암아 행이 있고, 행으로 말미암아 식이 있게 되는 방식이다. 한마디로 유전연기는 고통의 길이며, 정신없이 살아가는 우리들의 모습이라고 할 수 있다.

이러한 삶에 만족한다면 어쩔 수 없겠지만, '이렇게 살아도 되는 것일까? 내가 지금 무엇을 하고 있는 거지?'

라는 문제의식이 있다면, 자신의 삶을 돌아보아야 할 것이다.

어디를 향하는지도, 왜 가는지도 모른 채 그저 달리기만 했던 발걸음을 한 템포 쉬고 생각할 필요가 있다. 그러면 업의 굴레에서 벗어나지 못하고 고통 속에 있는 자신을 발견할 수 있다. 업의 실타래는 이때부터 비로소 풀리기 시작한다.

업의 굴레를 벗어나기 위해서는 무명을 지혜로 전환하여 괴로움을 일으키는 고리를 끊어야 한다. 먼저 무명을 끊고 계속해서 행, 식, 노사까지 끊어가는 것이다.

무명이 멸하므로 행이 멸하고, 행이 멸하므로 식이 멸하게 되는 방식이다. 이렇게 돌이켜 끊는 것을 환멸연기라고 한다. 유전연기가 고통의 길이라면 환멸연기는 행복의 길이며 늘 깨어있는 삶이라 할 것이다.

스스로 깨어있지 않으면 지금까지 살아왔던 생활 방식, 즉 업의 흐름에 따를 수밖에 없다. 우리가 자신의 마음을 볼 수 있다면, 얼마든지 우리 삶의 흐름을 끊고 조절할 수 있다.

우리가 같은 행동을 반복하는 것은 업의 관성 때문이다. 그로 인해 우리는 두 번째, 세 번째 화살을 맞는 것이다. 다른 결과를 원한다면 반복해왔던 업의 고리를 끊어야 한다.

12연기의 목적은 업의 연결 고리를 끊고 고통으로부터

벗어나는 것이다. 이를 위한 자기 성찰은 반드시 필요하다. 자기 성찰이 이루어졌다고 해서 우리 삶이 갑자기 바뀌는 것은 아니다. 이 역시 업의 관성이 남아있기 때문에 화가 나는 자신을 보면서도 참지 못하는 경우가 많은 것이다.

그래서 이를 극복하기 위한 실천이 중요하다. 명상이나 기도 등의 수행은 업의 관성에서 벗어나기 위한 실천이다. 이런 수행이 깊어져야 우리의 삶을 바꾸어나갈 수가 있다.

32. 무상(無常)

싯다르타는 무슨 이유로 출가를 한 것일까? 그것은 아마도 허무라는 감정 때문이 아니었을까? 태어나서 늙고 병들어 죽는다는 인간의 실존 앞에서 그 어떤 것도 위로가 되지 못했기 때문이 아닐까? 추측건대 싯다르타의 출가는 무상함의 실체는 찾는 여정이었을지도 모른다.

영원한 것이 없다는 제행무상은 제법무아, 일체개고와 더불어 삼법인이라고 한다. 세 가지 법, 즉 무상, 무아, 고는 틀림없는 인생의 진리라는 뜻이다. 대승불교에서는 일체개고 대신 열반적정을 넣기도 한다. 혹은 네 가지를 모두 포함하여 사법인이라고도 한다.

흔히 무상과 허무를 동일시하는 경향이 있다. 이 세상에 영원한 것이 없다는 관점은 같다고 할 수 있지만, 이 둘의 지향하는 방향은 본질적으로 다르다. 허무는 영원한 것이 없기 때문에 삶이 무의미하다고 느끼는 감정이다. 붓다 당시에도 허무주의나 염세적인 분위기는 있었다. 이러한 상황에서 붓다는 부정의 에너지를 긍정의 에너지로 전환하는 지혜가 필요했다. 무상은 그가 찾은 답이었다.

무상 역시 영원한 것은 없다는 사실을 인정한다. 그런데 허무가 삶이 무의미하다는 방향으로 나아갔다면, 무상은 그 반대로 향했다. 즉, 영원한 것은 없기 때문에, 지금 이 순간은 한 번뿐이기 때문에 오히려 더욱 의미 있게 가꾸어야 한다는 것이다.

이를 상징적으로 보여주는 붓다의 가르침이 인연생인연멸(因緣生因緣滅)이다. 말 그대로 모든 것은 인연에 의해 생겨나고 인연이 다하면 소멸한다는 것이다.

예를 들어 한겨울에 내리는 눈도 수많은 인연과의 만남과 헤어짐이 만들어 낸 작품이다. 가을과의 인연이 다했기 때문에 겨울과 만날 수 있는 것이며, 하늘에서 내리는 눈으로 눈사람을 만들 수 있는 것이다. 겨울과의 인연이 다하면 또다시 헤어져야 한다. 그래야 따뜻한 봄 햇살과 만나서 꽃이 피어있는 거리를 걸을 수 있다.

이처럼 삶이 고정되어 있는 것이 아니라 동적인 흐름 속에 있다는 것을 통찰할 수 있어야 한다. 그래야 무상한 삶속에서 순간순간을 있는 그대로 아름답게 가꿀 수 있다. 이처럼 무상에는 긍정적인 에너지가 가득하다.

무상은 사랑이 나오는 중요한 바탕이다. 지금 사랑해야 한다. 내일이라는 시간은 관념 속에만 존재할 뿐이다. 무상이라는 시간의 흐름 속에서 내일이 아닌 지금 여기에서 실천해야 한다는 것, 그것이 무상이 우리에게 주는 삶의 지혜이다.

33. 무아(無我)

　실존주의 철학자였던 사르트르는 사물은 본질을 갖추고 있는 '존재'이지만, 인간은 본질을 스스로 창조하기 때문에 '무(無)'라고 하였다. 이것이 가능한 이유는 인간은 정해진 본질이 없기 때문이다. 그는 스스로의 본질을 만들어가는 인간의 자유의지를 그리고 있지만, 본질을 부정한다는 점에서 불교의 무아적 사유를 엿볼 수 있다.

　무아란 글자 그대로 자아가 없다는 뜻이다. 자아란 자기동일성이나 정체성, 본질 등 여러 표현으로 쓰인다. 나란 존재는 시간과 공간에 관계없이 동일한 자기의 모습을 유지한다는 뜻이다. 예를 들어 어떤 사람이 어제는 서울에 있고 오늘 부산에 있다고 하더라도 그 사람은 같은 인물이다.

　이는 너무나 당연한 일인 것 같지만, 붓다는 자아의 실체를 부정하였다. 왜냐하면 인간을 포함한 모든 존재는 여러 연기적인 조건들이 모여서 이루어졌기 때문이다. 하나의 의자가 만들어지기까지 나무라는 재료도 있고, 나무

를 자라게 해준 햇빛, 구름, 비 등 많은 요소들이 연기적
으로 얽혀있다.

이처럼 모든 사물은 여러 인연들과의 관계 속에서 존
재하기 때문에 무엇이라고 고집할 만한 실체가 없다는
것이다. 무아는 곧 연기의 공간적 관찰이었다.

무아적 사유를 인간에게 적용하면 그 의미는 더욱 커
진다. 자아에 집착하지 않으면 그 자아가 해체되고 더욱
성숙한 새로운 자아를 만날 수 있다.

불교에서 부정하는 것은 자아가 아니라 자아에 대한
집착이라는 사실이다. 자아에 대해 집착을 하면 자유로운
사유와 사랑이 나오기 힘들다. 지금의 '나'라는 자아를
해체해야 새로운 더 나은 '나'가 탄생할 수 있다.

34. 현실을 받아들일 때

마음과 현실의 간극은 집착을 낳고 이로 인해 괴로움이 생긴다. 한마디로 삶이 괴로운 것은 집착 때문이다. 따라서 집착을 버리면 고통도 사라지고 마음의 평화가 찾아온다.

집착의 불이 꺼진 상태를 열반이라 하는데, 사성제의 세 번째인 멸성제가 바로 그것이다. 이는 불교가 궁극적으로 지향하는 목표라 할 것이다.

하지만 집착을 버리는 것은 결코 쉽지 않다. 우리가 단순히 집착을 없애야 한다는 당위 차원에 머물지 않고 생각과 현실의 괴리를 성찰하는 이유도 다른 데 있는 것이 아니다. 그만큼 집착을 놓기가 어렵기 때문이다. 집착이 일어나는 구조를 이해하고 나의 실존적인 문제로 인식할 때 비로소 생각과 현실의 간극은 조금씩 줄어들며 집착의 불은 꺼질 수 있는 것이다.

문제는 생각과 현실의 간극을 줄이는 방향에 있다. 먼저 현실이 마음을 좇아가면 당장엔 괜찮을 것 같지만, 고통의 근본 원인이 치유되지 않기에 재발할 위험성이 크다.

반대로 마음이 현실을 따라가면 고통의 근본 원인을 제거할 수 있다. 존재하는 모든 것은 무상하기 때문에 다이내믹한 흐름을 읽지 못하면 자꾸 과거에 집착하여 스스로를 괴롭힌다. 마음이 과거 권력이라면, 현실은 현재 권력이다. 과거 권력이 현재 권력을 이길 수는 없다. 이를 받아들이면 고통에서 벗어날 수 있지만, 그것이 쉽지 않기 때문에 훈련이 필요하다. 사성제의 네 번째인 팔정도는 집착을 없애기 위한 실천으로써 의미를 가진다.

사람들은 늙어가는 것이 싫어 젊음에 집착하곤 한다. 하지만 젊어지는 것은 현실적으로 불가능하다. 죽은 사람을 살리는 신비의 약이나, 영원한 삶을 보장하는 생명수 또한 존재하지 않는다. 그러한 것들은 현실에서 이루어질 수 없는 것들이다. 사람들은 그런 것이 있다고 믿고 싶을 뿐이다. 이것이 다름 아닌 어리석은 믿음, 즉 미신이다.

아들을 잃은 키사 고타미는 이런 믿음에 기초해서 죽은 사람이 없는 집을 수없이 찾아다녔다. 붓다는 이것이 얼마나 허망한 일인지 직접 느끼도록 죽은 사람이 없는 집에서 겨자씨 한 톨을 얻어오면 자식을 살려주겠다고 했던 것이다. 냉정해 보이지만 고통에서 벗어나는 길은 마음이 현실을 인정하는 것뿐이다.

불교는 순간적인 고통에서 벗어나게 해주는 진통제가

아니다. 힘들더라도 근본적인 원인을 찾아내서 제거해야 한다. 붓다는 미신에서 정신, 즉 바른 믿음으로 안내하는 길잡이라 할 것이다.

35. 유식(唯識)

　마음이란 무엇일까? 그저 뇌의 작용에 불과한 것일까? 오늘날 이런 비밀을 풀기 위해 심리학, 철학, 뇌과학 등 여러 분야에서 연구가 진행되고 있다. 분명한 것은 우리의 뇌가 오감으로 받아들인 정보를 바탕으로 사물을 인식한다는 사실이다.

　같은 대상인데도 개인의 특성이나 경험, 주위 환경에 따라 서로 다르게 인식하는 것도 뇌에 축적된 정보가 다르기 때문이다. 예를 들어 같은 사람을 만나더라도 의사는 건강 상태를 먼저 보고, 미용사는 머리 모양에 더 관심을 갖게 된다.

　이처럼 우리는 뇌에 쌓인 정보를 통해 대상을 인식하기 때문에 있는 그대로 보기가 어렵다. 대상을 인식하는 과정에서 사물에 대한 편견이나 선입견, 왜곡 등이 쉽게 일어난다는 뜻이다.

　유식은 마음에 쌓인 정보를 통해 대상을 인식하는 우리들의 생생한 모습을 그리고 있다. 따라서 모든 현상은 오직 마음의 작용일 뿐이라고 강조한다. '모든 것은 마음이 만들어 낸다.'라는 말은 바로 이를 의미한다.

유식은 대승불교 중기에 유행한 사상이다. 주요 경전으로 유식의 핵심을 30개의 게송으로 정리한 세친의 <유식삼십송>과 열 명의 논사들이 이 책에 주석을 첨부한 <성유식론> 등이 있다.

유식에서는 마음을 번뇌, 망상으로 이해하고 있다. 유식은 온갖 번뇌, 망상과 편견, 착각 등을 일으키는 중생들의 모습을 솔직하게 드러내는 구조로 되어 있다.

유식에 의하면 우리의 마음은 표층의식과 심층의식으로 이루어졌다. 먼저 겉으로 드러나는 감각기관, 즉 안식, 이식, 비식, 설식, 신식을 전 5식이라고 하고 이들을 종합하는 의식이 제6식이다. 그리고 이기심의 원천인 제7 말나식과 모든 행위의 저장 창고인 제8 아뢰의식이 마음의 저 깊은 곳에서 우리의 삶에 영향력을 행사하고 있다. 한마디로 의식적인 인간의 행동은 무의식에 쌓이고 그것에 저장된 에너지가 다음의 행위에 영향을 주는 메커니즘이 작동하고 있는 것이다.

유식에서는 이러한 마음의 구조를 '현재의 행동이 종자에 쌓이고 종자가 현재의 행동을 낳는다.'는 말로 설명한다. 우리의 모든 행동은 사라지지 않고 종자, 즉 아뢰야식에 저장되었다가 그것이 원인이 되어 현재의 행위를 한다는 것이다.

우리의 행위뿐만 아니라 대상을 바라보는 인식 또한 종자라는 영향력에서 벗어나기 어렵다. 뱀은 징그럽고 돼지는 욕심 많은 동물이라는 생각 역시 종자에 저장된 색안경을 끼고 바라본 것에 불과하다.

그저 그렇게 생긴 것뿐인데, 그들을 바라보는 인간의 눈이 심하게 왜곡된 것이다. 유식에서는 이러한 편견에서 벗어나 지혜를 얻어야 한다고 강조한다. 편견이 지혜로 전환되어야 비로소 색안경을 벗고 세상을 있는 그대로 볼 수 있기 때문이다.

유식에 '곰보도 보조개'라는 말이 있다. 누가 봐도 곰보인데, 그녀를 너무 사랑한 나머지 보조개로 보인다는 것이다. 이와는 달리 오늘날 우리는 생각이 다르다고 서로를 미워하면서 보조개마저 곰보로 보는 것은 아닌지 생각해봐야 할 것이다.

편견과 선입견에서 벗어나 상대를 있는 그대로 보기 위한 의식적인 노력이 필요하다. 사랑과 자비는 이때 나오는 축복이다.

36. 진흙에서 피어난 연꽃

인도에서 중국으로 전해진 불교는 사람들이 선호하는 경전에 따라 다양한 종파로 확대되고 교학의 발전도 이루어졌다. 여러 종파 가운데 화엄과 천태는 철학적인 반면에 정토와 선은 실천적인 특성을 지니고 있다.

특히 천태와 화엄은 중국의 교학불교를 대표하는 양대 산맥이고, 두 종파의 성격도 사뭇 다르다. 화엄이 아름다운 이상 세계를 그리고 있다면, 천태는 진흙과도 같은 현실에 시선이 닿아있다.

천태종은 <법화경>을 소의로 하는 종파이다. 법화경은 본래 <묘법연화경>의 준말인데, 대승불교 초기에 해당되는 50년경부터 150년경 사이에 만들어진 대표적인 대승 경전이다. 이 경전이 설해진 장소는 마가다국 왕사성 부근에 위치한 영취산이다.

경전에 의하면 붓다가 <법화경>을 설할 때 마가다국의 왕인 아사세와 대신들뿐만 아니라 1만 3천의 제자와 8만의 보살, 10만이 넘는 괴수(怪獸)등이 참석한다. 그때 삼천대천 세계의 국토가 진동을 하면서 땅이 열리고 무량천만 억 보살이 허공으로 솟아올랐다고 한다. 현실에서는 쉽게 상상할 수 없는 장면이다.

학자들에 의하면 <법화경>은 인도인의 상상력이 만들어 낸 작품이라고 평가한다. 그 상상력이 실크로드의 모래바람을 맞고 건너와 중국인의 사유와 만나서 탄생한 것이 바로 천태종이다.

<법화경>을 우리말로 풀면 '진리의 연꽃' 경전이 된다. 그런데 청정하고 아름다운 하얀 연꽃이 서 있는 곳은 다름 아닌 더러운 진흙밭이다. 진흙은 부조리와 고통이 가득한 현실 세계를 상징한다.

천태종이 응시하는 지점이 바로 이곳이다. 연꽃으로 상징되는 진리의 세계, 부처의 세계는 중생들 삶의 터전인 현실을 의지하지 않는다면 결코 피어날 수 없다. 비록 모든 것이 공하다고 하지만, 온갖 모순과 악으로 넘쳐나는 현실을 직시해야 하는 이유도 여기에 있다.

중국에서 천태종을 확립한 인물은 천태 대사라고 불리는 지의이다. 그의 삶을 살펴보면 왜 천태종이 이상이 아니라 현실에 초점을 맞추고 있는지 이해할 수 있다.

그가 17세 되던 554년 조국인 양나라는 멸망하고 고관을 지냈던 부친마저 죽고 만다. 모든 것이 허무하다고 느낀 그는 이듬해 출가를 한다. 그런데 제2의 조국인 진나라마저 수나라에 의해 멸망하게 된다. 두 번에 걸친 망국

의 경험을 한 것이다. 그 과정에서 사랑하는 사람이 모두
죽고 말았다. 그는 혼자만 살아남았다는 죄의식에 사로잡
혀 크게 절망했다.

그러나 그는 절망 속에서 희망을 보았고 지옥과 같은
현실 속에서 천태학이라는 사상의 금자탑을 이루어냈다.
더러운 진흙밭에서 아름다운 연꽃을 피워낸 셈이다.

이러한 경험은 일념삼천설(一念三千設)이라는 독창적인
사상으로 드러나기도 했다. 글자 그대로 한 생각 속에 3
천의 세계를 갖추고 있다는 뜻이다.

3천이나 되는 세계에는 극락과 부처도 있지만, 지옥과
고통 속에서 신음하는 중생도 있다. 우리는 마음속으로
하루에도 수없이 지옥과 극락을 왔다갔다 하면서 살아간
다.

지의는 지옥과 같은 경험을 통해 중생의 실존을 자신
의 사상 속에서 녹여내고 있는 것이다. 그가 <법화경>을
중시했던 이유도 진리의 꽃이 진흙 속에서 피어나기 때
문이다.

천태의 입장에서 화엄은 지나치게 순수하기 때문에 지
옥과 같은 현실을 담아내지 못한다고 보았다. 지의는 자
신이 살았던 혼돈의 시대에는 산전수전 다 겪은 천태의
시선이 화엄보다 가치 있다고 생각했는지 모른다.

37. 모두가 꽃이다

화엄의 세계에서는 잡초도 장미와 조금의 차별없이 아름다운 꽃으로 대접받는다. 눈앞에 보이는 모든 것은 그 자체로 불성이 실현된 거룩한 존재라는 것이 화엄의 시선이다.

화엄종은 <화엄경>을 중심으로 하는 종파다. 화엄(華嚴)이란 글자 그대로 '온갖 꽃으로 장엄하다'라는 뜻이다. 다시 말하면 우리는 온갖 아름다운 꽃들로 장식된 파라다이스에 살고 있다는 것이다. 이 세계는 불성이 실현된 공간이기 때문이다. 이를 화엄의 용어로 불성현기(佛性現起)라고 한다.

화엄의 시선에 장미는 아름답고 잡초는 보잘 것 없다는 생각은 그저 인간의 헛된 주관에 불과하다. 장미 부처, 잡초 부처, 잘 생긴 부처, 못 생긴 부처 등 모든 존재는 부처로서 평등하다는 것이 화엄에 비친 세계의 참모습이다.

우리는 등산을 하다가 뱀을 만나면 놀라곤 하는데, 이 또한 주관적인 편견이자 왜곡일 뿐이다. 뱀은 그저 그렇게 생긴 것인데, 인간의 주관이 뱀에게 '징그럽다'라는 이미지를 덮어씌웠기 때문이다.

화엄은 편견에 사로잡힌 우리들에게 성찰을 요구하고 있다. 실상 뱀이 징그러운 것이 아니라 뱀을 징그럽게 생각하는 우리의 마음이 징그러운 것은 아닌지 돌아볼 필요가 있다. 소가 물을 마시면 우유를 만들지만, 뱀이 물을 마시면 독을 만든다는 생각 역시 화엄에서는 통하지 않는다.

가장 철학적인 경전이라고 하는 <화엄경>은 중국에서는 두순과 지엄을 거쳐 3조인 법장에 이르러 활짝 꽃을 피운다. 천태종이 남북조에서 수나라에 이르는 혼란의 시기에 유행했다면, 화엄종은 당나라로 통일된 이후 유행한다.

통일된 나라에서 승자가 패자를 향해 이제 우리 모두는 하나이니 함께 하자고 설득하기에 화엄이 제격이었던 것이다. 잡초든 장미든 모두 하나임을 강조하는 화엄의 이상주의는 권력을 지향하는 이들에게는 상당히 매력적이었다.

우리나라에서 통일신라 이후 화엄이 유행한 것도 우연은 아닐 것이다. 신라는 삼국을 통일하고 패자를 품기 위해 의상 대사를 앞세워 경주에서 멀리 떨어진 지역에 화엄10찰을 세웠던 것이다.

그런데 화엄은 중앙권력이 무너지고 혼돈의 상황이 다

가오면 효력을 유지하기 어려운 철학이다. 혼란의 시기에는 이상보다는 고통스러운 현실이 먼저 다가오기 때문이다. 화엄과 천태가 이상과 현실이라는 묘한 대조를 이루고 있는 것이다.

천태가 불성에서 지옥을 그리고 있다면, 화엄은 지옥 자체를 인정하지 않는다. 허상이기 때문이라는 것이다. '세상은 아름답다'라는 것과 일맥상통한다.

화엄은 메이저가 아니라 마이너를, 다수가 아니라 소수를 품고자 하는 철학이다. 화엄에서는 소외되고 남들이 돌아보지 않는 작은 것 하나도 소중히 여길 줄 아는 마음이 담겨 있다.

38. 위빠사나

한국불교는 선이 그 중심에 놓여있다. 우리나라 최대 종단인 대한 불교 조계종 역시 선종의 다른 이름이다. 해마다 두 번에 걸쳐 행하고 있는 안거 기간에는 전국의 선원에서 수많은 수행자들이 정진하고 있다. 특히 화두를 드는 간화선이 오랫동안 대세를 이루어왔다.

그래서인지 싯다르타가 화두를 타파하고 깨침에 이르렀다고 생각하는 사람들도 간혹 있다. 간화선은 송나라 때 대혜 종고가 개발한 수행법으로 이를 우리나라에 소개한 사람은 고려시대 보조 국사 지눌이다. 그 후 지금까지 한국 선불교의 대표적인 수행법으로 자리를 잡고 있는 것이다.

붓다 당시에는 간화선이 존재하지 않았기 때문에 알수도 없었을 뿐만 아니라 싯다르타가 이런 수행을 했다는 것은 말이 되지 않는다.

그렇다면 붓다를 위대한 깨침으로 이끈 수행은 무엇일까? 그것은 바로 8정도 가운데 정념으로 알려진 '위빠사나'이다.

부귀영화를 모두 버리고 집을 나온 싯다르타는 누구보다 간절한 마음으로 선정과 고행을 수행하였다. 그런데 당시 유행하던 두 수행은 몸과 마음이 분리된 실천이었다. 그는 수행하는 동안 몸 따로 마음 따로 놀고 있는 자신을 발견하고 지금까지 처절하게 해왔던 고행을 과감하게 버렸다.

그리고 진리를 깨치기 전에는 결코 일어서지 않겠다는 다짐을 하고 보리수 아래 앉았다. 그는 자신의 몸과 마음에서 일어나는 현상을 조금도 왜곡하지 않고 있는 그대로 관찰하기 시작했다. 위빠사나 수행법이 탄생하는 순간이었다.

붓다는 자신을 깨침으로 인도한 수행에 대해 자부심이 강했다. 그는 <염처경>에서 위빠사나를 "중생의 마음을 깨끗이 하고 걱정과 두려움에서 건지며, 고뇌와 슬픔을 없애고 바른 법을 얻게 하는 유일한 길"이라고 강조하였다.

뿐만 아니라 "과거의 모든 부처도 이 법에 의해 최상의 열반을 얻었고, 현재와 미래의 부처도 이 법으로 열반을 얻을 것"이라고 했다. 붓다에게 위빠사나가 어떤 의미인지 분명히 알 수 있는 대목이다.

이 수행법이 남방으로부터 소개된 것은 1980년대 이후의 일이다. 그전까지는 소승선이란 이름으로 그 가치가

절하되고 있었다. 근기가 뛰어나지 못한 사람들이 행하는 열등한 수행법이라는 뜻이 담겨 있기 때문이다.

절대적 신앙의 대상인 붓다의 수행법을 불자 스스로 부정하고 있는 셈이다. 간화선이 아무리 훌륭하다고 해도 위빠사나를 이렇게 평가해서는 안 된다. 자칫 붓다보다 대혜 종고를 우선한다는 오해를 살 수도 있다. 이는 불교 역사에 대한 부지와 간화선 제일주의가 낳은 자기모순이라고 할 수 있다. 붓다를 바로 알기 위해서도 그를 깨침으로 이끈 위빠사나는 재평가 되어야 한다.

이 수행법의 요체는 '있는 그대로' 보는 데 있다. 그래서 관법(觀法)이라 부르기도 한다. 어떠한 왜곡도 없이 있는 그대로 보면 존재하는 모든 것이 무상이고 무아라는 실상을 깨칠 수 있다는 것이다.

이렇게 되면 우리를 고통 속에 빠트리고 있는 불안과 공포, 슬픔에서 벗어날 수 있다고 붓다는 강조한다. 그 이유는 바로 걱정과 두려움, 공포 등은 본래 영원하지 않으며, 그 실체 또한 본래 없기 때문이다.

대승에서는 이를 공이란 용어로 재해석하였다. <반야심경>에서 이러한 공의 지혜를 깨치면 "두려움이 없고 뒤바뀐 헛된 생각을 멀리 떠나 완전한 열반에 들어간다"라고 한 이유도 바로 여기에 있다.

붓다는 반면 위빠사나를 진리에 이르는 유일한 길이라고 강조하였다. 붓다가 직접 걷고 중생들을 위해 닦아놓은 위대한 길을 우리는 역사에 대한 무지로 인해 소홀히 취급했던 것이다.

39. 간화선

한국불교의 정체성을 간화선에서 찾는 사람들이 많다. 이는 오랜 기간 이어져 온 한국불교의 전통이자 근간이기 때문이다. 간화선은 오늘의 한국불교를 있게 한 경허, 만공, 효봉, 구산 등 수많은 선사들을 깨침의 세계로 인도한 수행법이다.

화두를 참구하는 간화선은 송나라 때 대혜 종고가 개발한 수행법으로 전통적인 붓다의 수행체계와는 성격이나 내용이 많이 다르다. 간화선을 국내에 처음으로 소개한 인물은 고려시대 보조 국사 지눌이다. 지눌의 뒤를 이은 진각 혜심은 이를 더욱 체계화했으며, 지금까지 한국불교를 대표하는 수행법으로 자리하고 있다.

간화(看話)란 글자 그대로 화두를 보는 것이다. 화두를 공안이라고도 하는데, 이는 본래 그 내용이 틀림없음을 보증하는 정부의 문서를 가리키는 말이다. 그만큼 공안이 깨침을 이루는 데 공신력을 가진다는 의미이다.

그렇다면 간화, 즉 말머리를 본다는 것은 무슨 뜻일까? 이는 선사가 하는 말의 핵심을 곧바로 알아차린다는 의미이다. 다시 말하면 말에 담긴 맥락을 정확히 파악하고 그 뜻을 즉각적으로 깨친다는 것이다. 흔히 대화를 할 때 '말꼬리를 잡는다'고 하는데, 이는 핵심에서 벗어난 말 자체에 집착하여 따지는 것을 말한다. 화두는 말꼬리를 잡고 빙빙 도는 것이 아니라 말머리를 통해 핵심으로 곧바로 들어가는 수행이다.

간화선은 깨침에 이르는 속도가 빠르다고 한다. 자세한 설명이 아니라 말 한 마디에 깨치는 일이기 때문이다. 화두선을 경절문, 즉 지름길이라 하는 이유도 바로 여기에 있다.

이는 마치 선생님의 설명을 자세히 듣고 난 다음에 이해하는 것이 아니라 한마디만 듣고도 곧바로 전체적인 맥락과 의미를 알아채는 것과 같다. 보통 사람들은 쉽게 흉내 내기 어려운 일이다. 그래서 간화선은 뛰어난 근기의 수행자에게 적합한 수행체계라고 평가한다.

대표적인 선사들의 공안집으로는 원오 극근의 <벽암록>이나 무문 혜개의 <무문관> 등이 있다. 오늘날까지 1,700 공안이 전해지는데, 우리나라에서는 '무자(無字)', '이 뭣고'등의 화두가 많이 유행하였다.

특히 무자 화두를 통해 견성에 이른 선사들이 많다. 이 화두는 당나라 말기의 유명한 조주 종심 선사께서 '개에서도 불성이 있습니까?'라고 물으니 '없다'라고 답한 데서 유래한다.

스승으로부터 무자 화두를 받은 수행자는 조주 선사가 왜 무라고 했는지 '무, 무, 무'하면서 끊임없이 참구하다 보면, 어느 순간 말머리를 타파하고 견성에 이른다는 것이다.

화두는 전통적으로 배고픈 고양이가 쥐를 쳐다보고 닭이 알을 품듯이 수행해야 한다고 말한다. 그만큼 간절하지 않으면 화두를 타파하기 힘들다는 뜻이다.

선가에서는 동정일여, 몽중일여, 숙면일여의 세 단계를 거쳐야 비로소 견성에 이른다고 한다. 다시 말하면 움직이거나 고요히 앉아있을 때뿐만 아니라 꿈을 꿀 때와 숙면할 때도 화두가 성성하게 살아있어야 자신의 성품을 볼 수 있다는 것이다. '마음이 곧 부처'라는 굳건한 믿음과 용맹정진이 있어야 가능한 일이다.

그런데 아무리 건강에 좋은 약이라도 내 몸에 맞지 않으면 별다른 소용이 없다. 이와 마찬가지로 간화선이 훌륭한 수행체계라 하더라도 자신에게 맞지 않으면 어쩔 수 없는 일이다.

40. 멈추면 보인다

  지관(止觀)은 천태 지의에 의해 확립된 수행법이다. 이 수행체계는 새롭게 만들어진 것이 아니라 8정도의 정정과 정념을 근간으로 하고 있다. 마음을 고요히 가라앉히는 정정은 지(止), 고요해진 마음으로 모든 존재를 있는 그대로 보는 정념은 관(觀)에 해당된다. 한마디로 지관은 정정과 정념을 천태적으로 해석한 수행법이다. 이는 선정과 지혜라는 또 다른 이름으로 불리기도 한다.

  지관은 마음을 고요하게 함으로써 존재의 참모습을 있는 그대로 관찰하는 수행이다. 천태 대사는 열반에 이르는 여러 방법이 있지만, 지관이 가장 핵심적인 수행이라고 강조한다. 지는 번뇌를 제거하는 최초의 문이자 선정의 근원이며, 관 또한 미혹을 끊는 바른 요체이자 지혜의 근본이기 때문이다.

  따라서 지와 관을 수레의 두 바퀴, 또는 새의 양쪽 날개로 삼아 함께 수행해야 한다. 그렇지 않고 선정만 닦으면 어리석음에 빠지게 되고 반대로 지혜만 강조하면 미친 행위로 전락하고 만다.

결국 한쪽으로 치우친 수행은 원만하지 않기 때문에 깨침에 이를 수 없다는 것이다. 선정과 지혜를 함께 닦는 정혜쌍수는 이를 두고 한 말이다.

천태종에서는 삼종지관이라 해서 지관을 실천하는 세 가지 방법을 제시하고 있다. 첫째는 낮은 단계에서 시작하여 점차 깊은 경지로 들어가는 점차지관이다. 이는 마치 1층부터 계단을 하나씩 밟으면서 맨 꼭대기에 오르는 것과 같다.

첫 마음을 낸 수행자는 삼보에 귀의하고 악한 일은 하지 않고 선한 행동을 하는 등의 계행을 실천한 다음 선정을 닦아 산란한 마음을 고요하게 한다. 그렇게 점차적으로 수행이 깊어지면 마침내 존재의 참모습을 있는 그대로 보는 깨침의 경지에 이른다는 것이다.

둘째는 개인의 성향에 따라 일정한 순서 없이 수행하는 부정지관이다. 어느 때는 점차적인 단계대로 수행하다가 때로는 곧바로 깊은 경지의 수행을 하는 경우다. 사람마다 공부가 잘 될 때가 있고 그렇지 않을 때가 있기 때문이다. 수행자의 상황에 따라 융통성 있게 대치하는 공부라 할 수 있다.

셋째는 처음부터 존재의 참모습을 원만하고 즉각적으로 깨치는 원돈지관이다. 이는 매우 뛰어난 근기의 수행자들만 행할 수 있는 실천이다. 마치 점차지관처럼 한 단계씩 걸어서 올라가는 것이 아니라, 승강기를 타고 곧장

맨 꼭대기 층에 오르는 것과 같다고 할 수 있다. 이는 중생이 곧 부처이고 번뇌가 보리며, 생사가 열반이라는 존재의 실상을 일시에 깨치는 일이다. 천태의 지관수행은 불교뿐만 아니라 다른 모든 분야에 커다란 영향을 끼칠 수 있다.

41. 열반

　종교의 목적은 괴로움이 가득한 차안(此岸)에서 즐거움과 행복이 넘치는 피안에 이르는 것이다. 불교와 기독교를 포함한 모든 종교는 파라다이스로 사람들을 싣고 가는 배에 비유할 수 있다. 종교는 목적이 아니라 수단이라는 뜻이다. 그렇기 때문에 피안에 도착하면 배에서 내려야 한다.

　그런데 피안의 세계로 가기 위해서는 배에 탈 수 있는 승차권이 있어야 한다. 대승불교에 의하면 모든 사람은 태어날 때부터 이 티켓을 가지고 있다고 한다. 그것이 바로 불성과 여래장이다. 붓다가 될 수 있는 성품, 여래의 씨알이 열반의 언덕으로 건너갈 수 있는 승차권이라는 것이다.

　그렇다면 배를 타고 도착한 그곳은 어떤 모습을 하고 있을까? <열반경>에 의하면 열반의 언덕에는 네 가지 아름다운 광경이 펼쳐진다고 한다. 그것을 열반사덕이라고 하는데, 상락아정(常樂我淨) 즉 항상함과 즐거움, 자아, 청정이라는 네 가지 모습이 열반의 세계를 보여주고 있다는 것이다.

우리들이 살고 있는 사바세계는 어떤 존재가 생겨나면 일정 기간 머물다가 다른 모습으로 변화하고 마침내 소멸하는 과정을 거치게 된다. 깨치지 못한 중생들은 이러한 윤회의 과정을 거치면서도 세계가 영원하다고 착각하면서 살아간다.

열반은 이러한 착각에서 벗어나 모든 것이 무상하다는 이치를 깨쳤을 때 드러나는 모습이다. <반야심경>에서는 이를 "모든 것은 공하여 나지도 멸하지도 않는다"라고 하였다. 열반의 상은 바로 나고 죽는 것이 완전히 끊어진 불생불멸의 항상한 모습을 가리키고 있다.

열반의 즐거움 역시 중생들이 느끼는 감각적이고 상대적인 즐거움과는 의미가 다르다. 이는 즐거움과 괴로움이라는 상대적인 것이 완전히 초월된 즐거움이다. 사바세계를 고통으로 물들인 집착과 번뇌를 모두 제거하고 진리를 체험한 데서 오는 기쁨인 것이다.

자아 역시 실체가 있다는 뜻이 아니라, 무아를 깨쳤을 때 펼쳐지는 나의 참모습을 가리키고 있다. 즉, 작은 것에도 욕심을 내고 그것이 충족되지 않으면 성내고 어리석은 소아적인 모습이 완전히 소멸된 상태를 말한다. 그래서 참나, 혹은 우주적인 나 등으로 부르기도 하지만, 열반의 아(我)는 힌두교의 영원불변하는 아트만과 같은 실체가 아니다.

열반의 청정 역시 중생들이 느끼는 더러움의 반대말이 아니다. 깨끗하거나 더럽다는 이원적 분별의식이 완전히 소멸된 청정함을 의미한다. 이를 <반야심경>의 언어로 표현하면 불구부정이 된다.

이처럼 열반의 아름다운 모습을 상락아정으로 그리고 있지만, 이 세상 언어로 표현하기에는 한계가 있다. 언어의 길이 끊어진 깨달음의 체험, 열반의 기쁨, 법열을 일상 언어로 완벽하게 표현하는 것은 불가능하다는 것이다. 그렇기 때문에 문자에 집착하지 말고 그것이 우리에게 어떤 의미인지 붓다의 정신에 입각해서 해석하는 것이 필요하다.

보이지 않았던 것들

정태성 수필집

초판 발행 2024년 1월 25일

지은이   정태성
펴낸이   도서출판 코스모스
펴낸곳   도서출판 코스모스
주소 충북 청주시 서원구 신율로 13
전화 043-234-7027
팩스 043-237-5501

ISBN 979-11-91926-91-0

값 12,000원